故宫猫

# 无论你是谁，都应该成为自己的王

大明 / 著

WUHAN UNIVERSITY PRESS
武汉大学出版社

**图书在版编目（CIP）数据**

故宫猫：无论你是谁，都应该成为自己的王 / 大明著. — 武汉：武汉大学出版社，2018.3（2022.5重印）
ISBN 978-7-307-19895-1

Ⅰ. 故… Ⅱ. 大… Ⅲ. 成功心理—通俗读物 Ⅳ. B848.4-49

中国版本图书馆 CIP 数据核字 (2017) 第 309207 号

责任编辑：黄朝昉 张岩 责任校对：孟令玲 版式设计：苗薇

---

出版发行：**武汉大学出版社**（430072 武昌 珞珈山）
（电子邮件：cbs22@whu.edu.cn 网址：www.wdp.com.cn）
印刷：北京一鑫印务有限责任公司
开本：880×1230 1/32 印张：7 字数：145 千字
版次：2018 年 3 月第 1 版 2022 年 5 月第 2 次印刷
ISBN 978-7-307-19895-1 定价：38.00 元

---

# 蛋挞冒险之旅

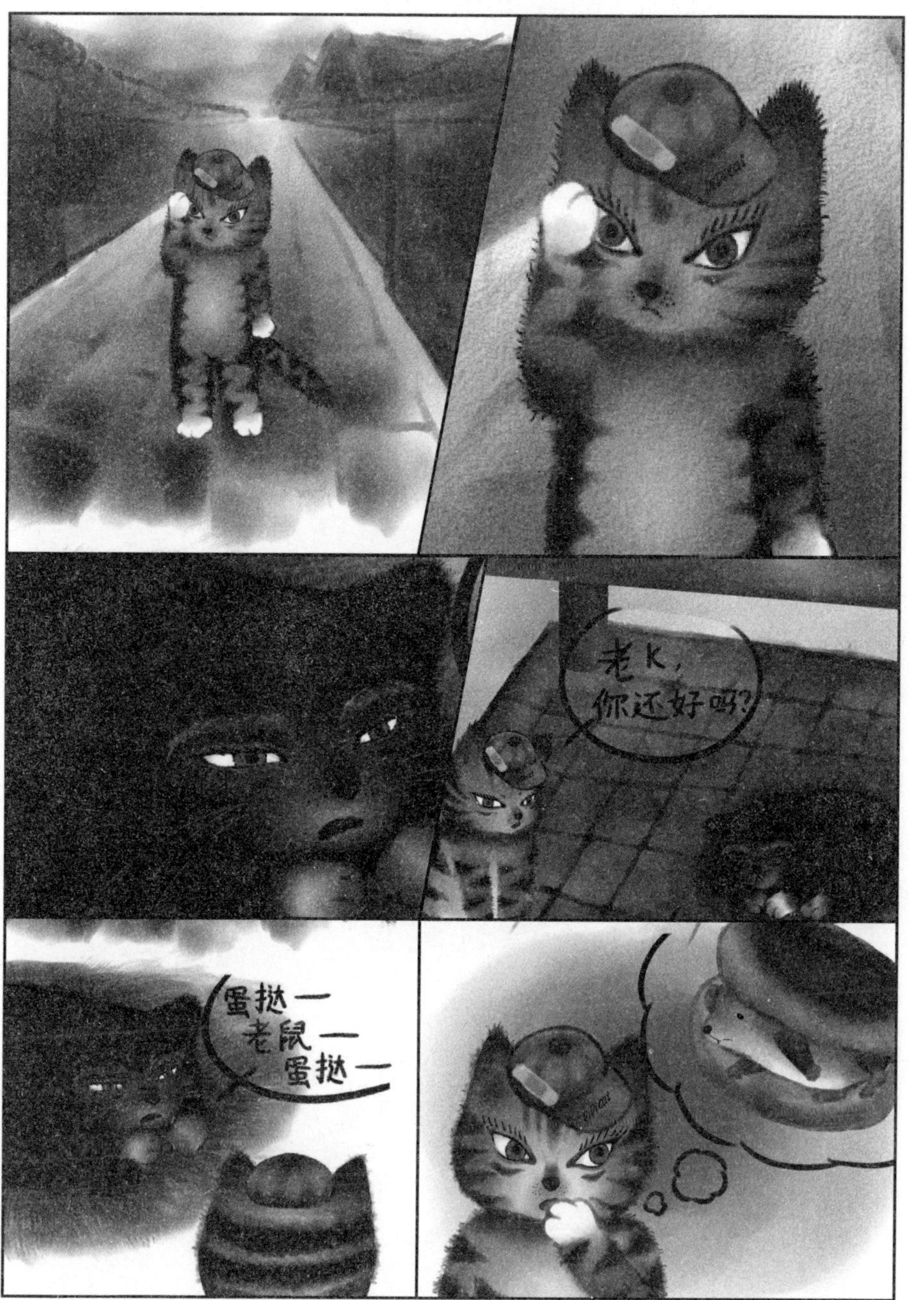

# 飞轮老鼠别跑

# 老鼠的承诺

## 抢蛋挞？有胆别走。

# 老K要葬在玉兰树下

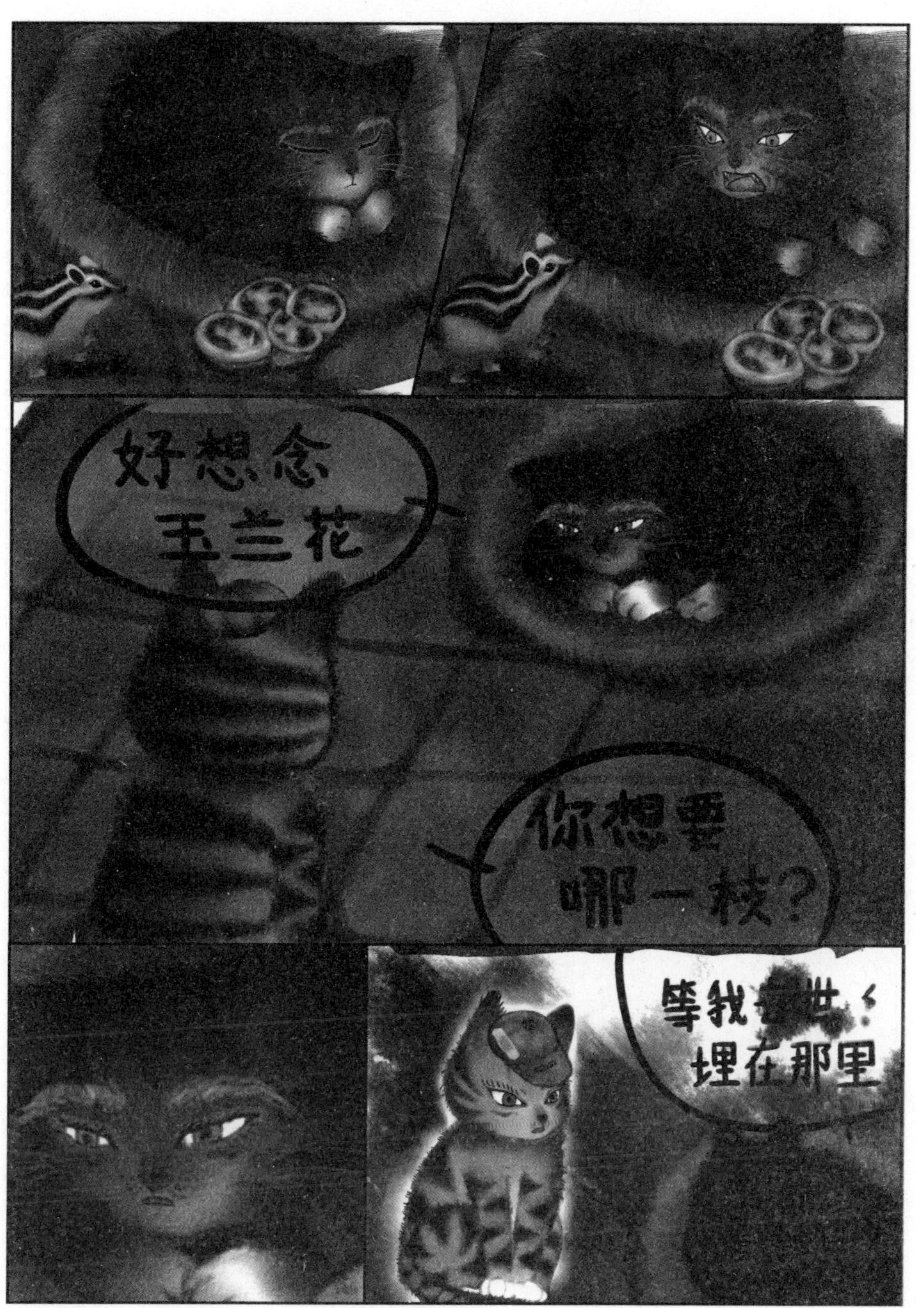

## 进宫难题

如何进入故宫
跟着人群混进去？
很容易被
售票员发现…
夜里进去？
很容易落入
电网机关…
再加上
老K的体重，
想进去？
简直就是
比登天还难！
DiDicat

# 进宫路上

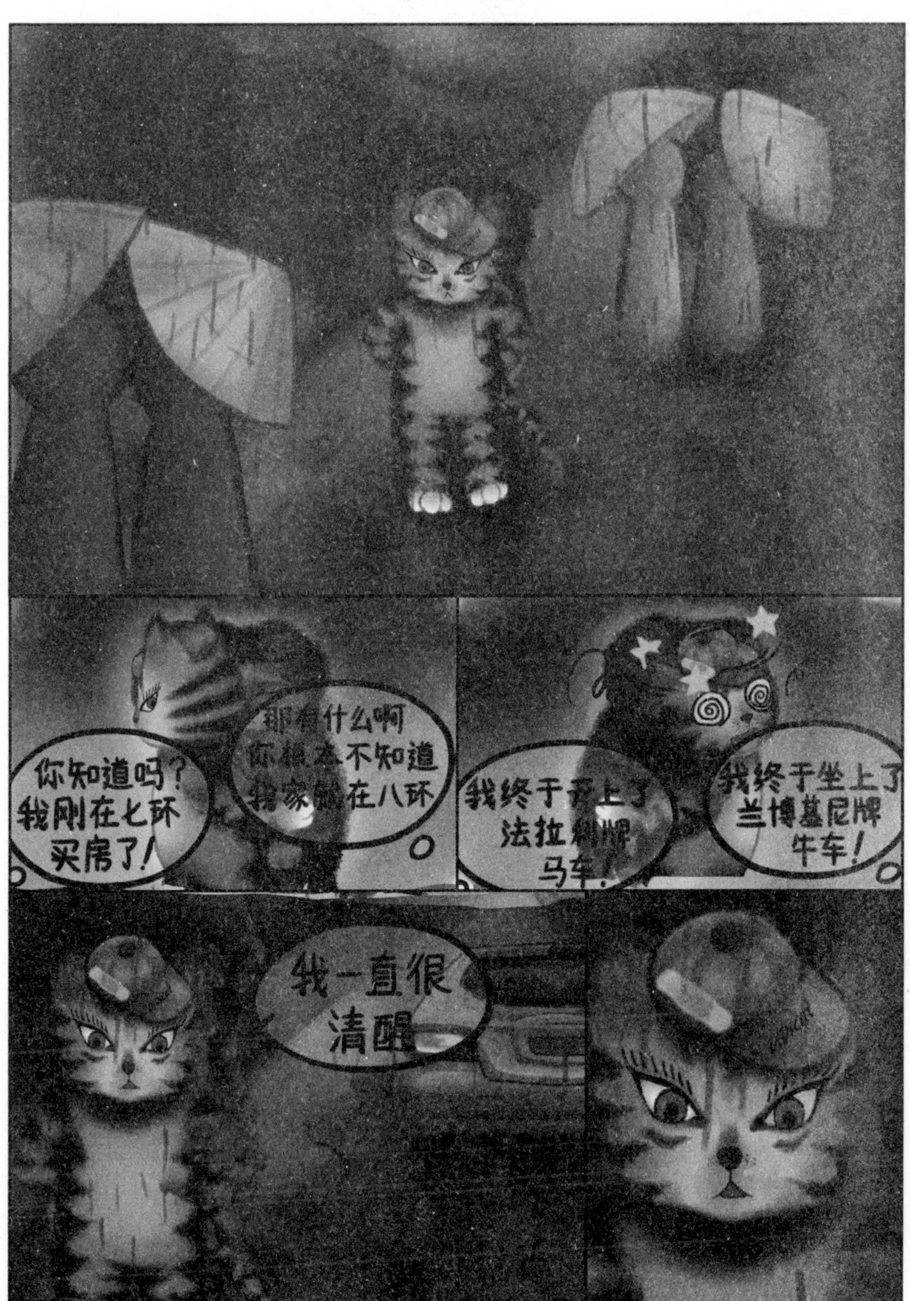

你知道吗？我刚在七环买房了！
那有什么啊 你根本不知道 我家就在八环
我终于开上了 法拉利牌 马车！
我终于坐上了 兰博基尼牌 牛车！
我一直很 清醒

# 御花园奇遇

# 看饲养女神

# 别拿规矩吓唬猫

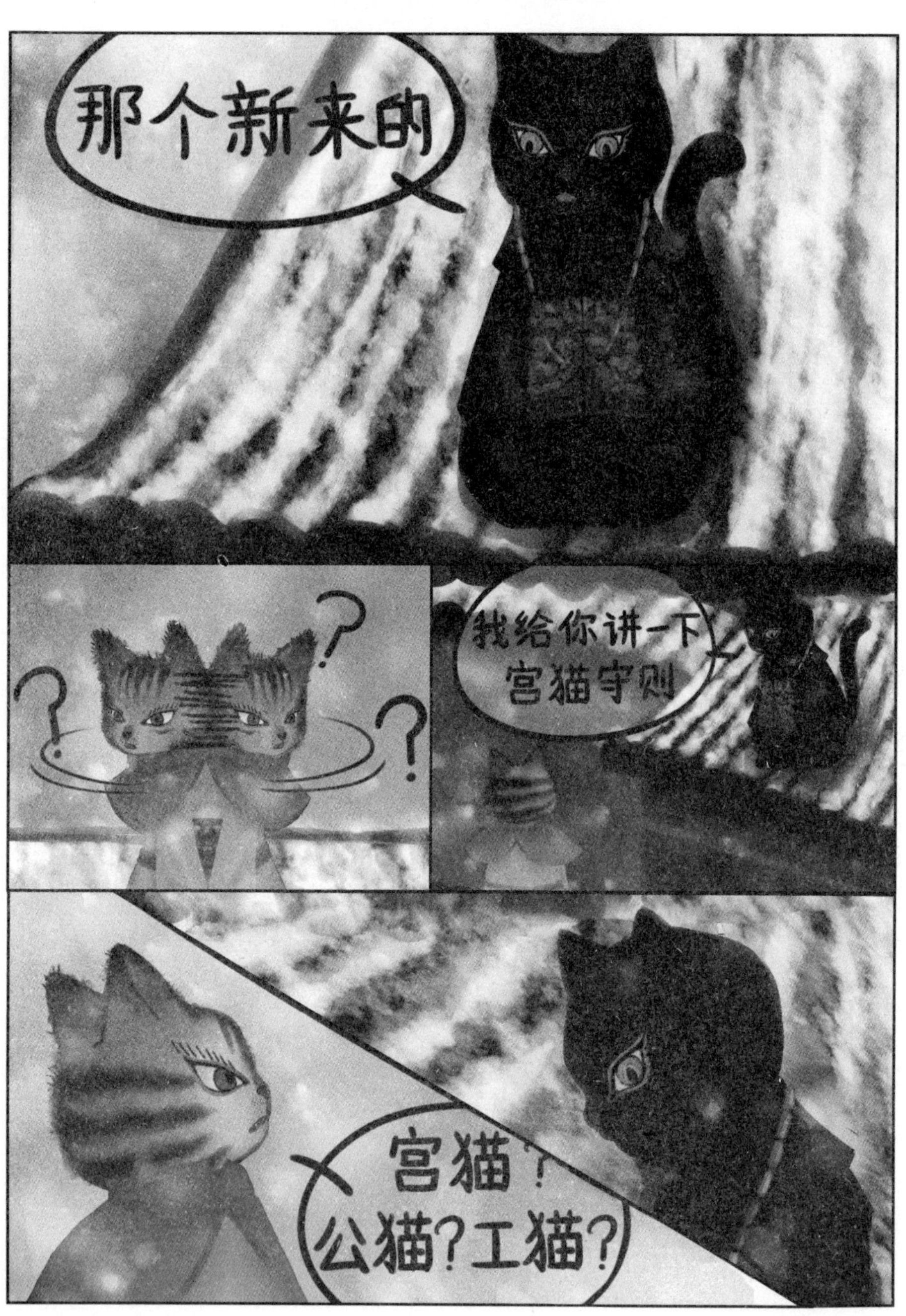

# 幸好有花栗鼠

# 宫里日子无趣

## 向往自由

# 向神祈祷

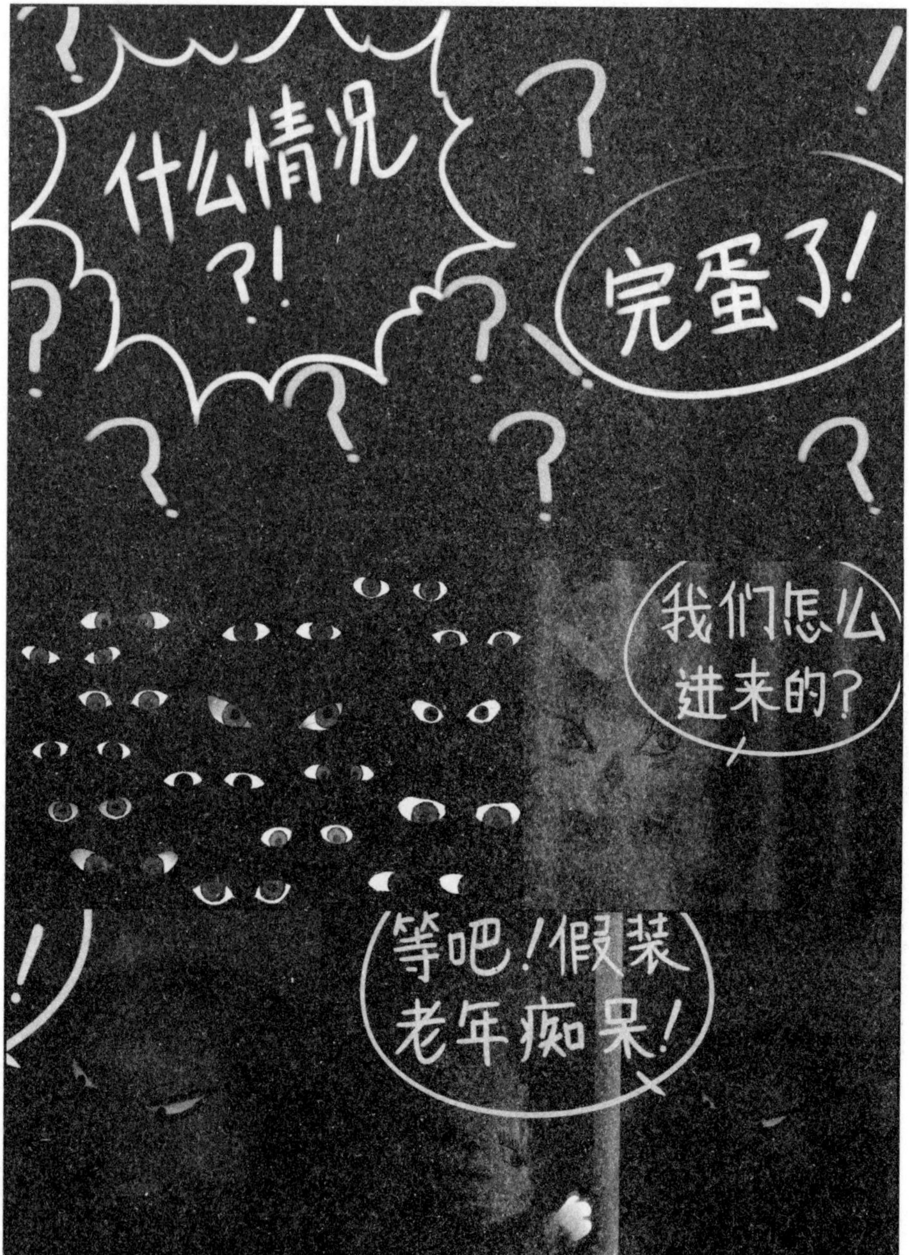

什么情况?!
完蛋了!
我们怎么进来的?
等吧!假装老年痴呆!

# 我们应该怎样在乎这个世界

和大明第一次见面是在上海。去年暑期，我组织了一个全国“灵性作文”游学营的活动，大明和他爱人一起陪着孩子来的。他们整整提前了一天，只为能够与我坐一坐、聊一聊。大明说话少，只是微笑，目光里全是女儿明媚的荣耀。没想到的是，他的职业竟然是一名警察；更难以置信的是，他竟然也是一名作家，甚至为女儿写了一部童话。

就是这本书。大明请我做序，我欣然同意。

这是一个关于成长的故事。作者以猫的视角，用童真的目光，描述了一个充满童趣的世界，讲述了一系列值得反思、值得汲取经验的冒险故事。在猫与猫、猫与狗、猫与人、猫与文明等驳杂的关系中，我们看到了爱、信任、勇敢、担当和梦想，或者看到了曾经的、现在的和将来的自己。

这是一本可以亲子共读的书。世界太闹了，也太吵了，有多少本来可以更美好的时光，被我们恣意地错过。孩子判断你爱不爱他的唯一标准，是你能否拿出一些时间与孩子在一起。成人的借口是孩子眼中不值一提的尘埃。所以，读一本书，与孩子一起，将是人生最幸福的馈赠。

我想，以上是大明写这本书的真正想法吧。

有一件事，还需要提一提。大明每次陪女儿听完我的网课都要写篇体会，内容是和女儿一起听课的各种细节，从表情到对话，甚至是围绕某个问题的争论。我觉得，这更应该称之为时光笔记，一对父女在思想的碰撞中，把动态的记忆留给了爱和美好。当然，我也看到了一位父亲的柔软。

柔软的心最有力量。它能够关注生命，能够关心被人遗忘的一颗小草，能够细致地体察每一抹光晕的变化。于是，才有了那只猫，或者每一个人的柔软都能幻化成故事中那只卑微到尘土里的猫。

林清玄说："谦卑的心是宛如野草小花的心，不取笑外面的世界，也不在意世界的嘲讽。"如是，方能在心灵的透视下认清世界，从而认识自己，不但有个快乐的童年，并在将来拥有快乐的成年。

我们不能否认，这个世界的渺小不是因为我们不懂，而是因为我们不去弄懂。我们必须像树一样活在岁月里，在卑微之中，才必然发现伟大的存在。

带着怜悯与卑微的心，可以诠释一切；带着友善与感恩的爱，可以包容一切；带着美好与纯真的梦，可以征服一切。

在这个如此绚烂的世界，我们就应该这样在乎，虔诚地尊重一只猫的思想和他眼中的未来。

陈晓辉

中国作家协会会员、全国知名青少年教育专家、《读者》杂志签约作家

2018 年 1 月 1 日

# 目录

# 1 从喧嚣开始

在人的眼中，我只是一只猫；在猫的眼中，我更是一只猫。我就是一只猫，有点任性，也有点倔强。

没有谁影响过我，即使他们讨厌我，也和头顶上嗡嗡乱飞的蚊虫没什么两样，丝毫不影响我捡拾人们刚扔进垃圾堆里的美食。讨厌让我感觉远没有被忽视可怕。我的存在就像被忽视的一片落叶。在风中一刹那的痕迹，是自己悄然拥有的快乐。

我从一出生，就活在这个城市，这个梦想多、孤独多和遗忘也多的城市。我倔强地活着，并任性地坚持这个选择。

活着，任性是可贵的。当然，没有无限制的任性。如同自由的限度，不过是囚室和监狱的区别。生活在城市里，不过是游走于一处庞大的监狱。我喜欢城市里每一处可以藏身的阴影，任性地挥霍被人们遗忘的失落。

城市里的人很多，形形色色，各种忙碌。陌生的脸庞，即使我在街角偷窥，也不寒而栗，很难看到一丝吸引我的温柔和阳光。还有车流、音响，各种烦躁，以及没有边际的喧嚣，让这个城市不知疲倦地运转着。

听老K说过，这是首都，一座极其庞大的城市，充满了无数机遇和挑战。如果我是这个城市的主人，则会重新考虑这个问题，让这里成为流浪者和懒惰者的训练场，用汽车尾气、

风沙和不可预测的暴雨来磨砺一只猫的意志和精神。

老K是一只老猫，流浪在城市里很老的一只猫。

我的名字叫德弟。我一直认为名字是老K起的，因为喊我第一声的是老K。这在我记忆里弥足珍贵。老K则告诉我，在一个居民区垃圾桶边发现我时，一个金发碧眼的女人正捏着鼻子，反复地喊我“德弟，德弟”。我不相信，一个讨厌我的人，会给我起一个如此清新的名字。

我自然也成为了一只流浪猫，被老K抚养长大。老K说，我被人抛弃的时候应该刚出生，生日应该是长胡子老头满街跑派发礼物的日子。他常认为，我是那个长胡子老头遗忘的一个礼物，或者留给他的一个礼物。现在，我已经连续度过了两个寒冷的冬季。

老K说自己活了二十三年，是世界上年纪很大的猫，而且可能没有之一。我不知道。与我们一样流浪的猫中，我没见过比他更老的，那些伏在贵妇腿上和趴着豪车车窗的宠物猫也没有。在这个柳条刚抽出嫩芽的时节，老K已经很老了，老得动弹不得。

老K年轻时一定是一只很帅的猫。他头盖平坦，脑袋呈楔形，身材修长，一身香槟色的短毛，犹如一袭儒雅长衫，特别是那双深蓝色的眼睛，深邃得像北海的湖水，让猫们不得不小心他的智商和魅力。

老K脖子上套着一个“金牌”。项圈是皮质的，金牌是铜的，上面还有数字。这也算奢侈品了，表明他不凡的出身，或者证明一些曾经辉煌的历史。他从没有说过自己的过去，只是一味地教我学会应付复杂的现在。

有一样本事我没有学会。那就是认识人类的文字。老K似乎

对文字有着深刻的认识，能够读出建筑、门框、店面、街口甚至广告牌上的一切文字。于是，我知道了我们住的地方是景山公园，对面是极其宏伟的故宫。老 K 没有强迫我学习那些抵不过一条烤肠价值的东西；我也没有精力模仿老 K 与生俱来的贵气。

相反，我对人类的语言却独具天赋。当然，我不是人类实验室里加入语言基因的科学产物，能够听懂人类的语言是生活所迫。我用身体的疼痛，搞懂了“滚出去”“讨厌”“打死这只猫”，等等，又经过揣摩人的嘴形、表情、动作，将每一个字音的特定意义破解出来。我可以假装漫不经心地穿梭在饭店的门口，然后从人们的只言片语当中找到厨房或者餐厅的位置，甚至储存美食的地方。

我努力审视人类和世界，所以，生活无法欺骗我。为了活着，我学会了欺骗生活。这是老 K 教会我的唯一的东西。

对老 K，我很在乎，就像敬重我的父亲。我的口味便是他惯坏的。我不吃发臭霉烂的食物，不吃僵死毫无生气的老鼠，不吃人类带着难以捉摸的微笑来施舍的东西。哪怕肚皮饿得箍住胸骨，我也要去捕捉那些垃圾堆里四处乱跑的蟑螂。

我很爱我的老 K。他走不动了，常常独自待在景山万春亭的窝里。我按照我的口味把食物送到他的嘴边，使他能够在这个世界继续残喘。在去年冬天那场大雪刚刚消融时，他就不能与我说话了，只有断续的呼吸从牙齿残缺的嘴中进出。我不忍扔下他，尽量减少出去觅食，然后陪着他，舔弄他身上的毛发，让每一根都始终保持着迷人的光泽。

有一样我搞不明白，为什么在这个庞大的城市里，老 K 会选择这个地方安家。老 K 是在亭子檐角下面的横梁处，利用建

筑材料之间的空隙，捣鼓出可容两只猫躺卧的空间的。万春亭是公园最高的建筑，格外引人注意。不要说成千上万的游客，就连管理员都会随时发现。老K却在这里待了十几年。

从我记事起，老K就一直保持着固定的生活规律，白天游客多时从不出去，晚上才领着我走街窜巷。每天清晨，他总要在天空泛白的时候，举目往南，凝视着巍峨起伏的宫殿，或者用前爪蘸点水渍，在光滑的地砖上印下三行有规律的圆点，用很长的时间来抒发一只猫的文艺情怀。

其实，我十分反感这里。这白日的喧嚣，夜晚的压抑，四季的无聊，还有让我烦躁到死、熟悉到死的每一个角落。所以，我常去下水道，调节一下烦躁的情绪，那里奇臭却真实，狭窄却自由，约束却充满希望。那里还有四处乱跑的可爱老鼠，更接近我的梦想世界。我在那里是自己梦想的王。

我深深埋下自己的想法，是为了老K。我所能做的，只是陪他走过最后一段时光，待在他仍然迷恋的地方。

此时，正值黄昏。落日的余晖涂抹在亭子顶部黄色的琉璃瓦上，绿色脊部翘起的檐角，划开静谧的天空，所有直立的事物的影子被拉得好长。我知道，夜快要来了。公园里游客渐少，远来的和周边的人终究要回家。

初春的天气透着寒意，寒意如针，刺穿这盎然的春天。我抖一抖虎皮一般条纹的毛发，抖掉身上附着的尘土和食物碎屑。这个季节来得还是迟了，没有给我和老K一起漫步街头的机会。

老K依旧在熟睡，或者应该叫昏迷吧。偶尔发出几声不太响亮的呼噜声，证明他还活着。

我是不是该征求一下老K的意见，问问他想吃点什么？毕

竟，我不是一名优秀的厨师。但作为还算合格的小偷，有能力满足一只老猫的愿望。

我将锋利的爪收紧，然后用肉肉的爪垫轻轻碰触老K的头，试图摇醒他。一下，没有反应；两下，还是没有反应。哎，难道我还要随意一些？老K的旁边全是我随意找来的食物，鱼段、饼干、培根等凌乱地放在四周——他两天来一点东西没吃。

“蛋挞——老鼠——蛋挞”，不知道是呓语，还是清醒的暗示。老K嘴角挂着一线涎水，模模糊糊地发出声音来。

好的。有菜单就好下手。我瞅了一眼老态的老K，一转身，钻出檐下的砖缝。不等天黑了，早点出去。当然，我也需要呼吸春天里难得的好空气。

我站在亭子顶部。扭头看见，大如脸庞的夕阳躲在林立的高楼之间。我反复伸缩自己的利爪，爪尖摩擦着光滑的瓦片。有风吹来，我精神一振，甩动尾巴，躬身而起，跃向亭子附近一棵最高的树。我没有给游客留下清晰的身影，却留下了莫名的惊呼。

我当然不走台阶，那是人的路。我的路在树和树之间，在石头和石头之间，不平，但安全，关键这是猫应该走的路。很快，我穿过富揽亭、辑芳亭，躲过游客，接着是栏杆和树木，跳上了公园的围墙。

围墙外，大街上，行人如织，车流穿行，所有满怀希望的事物都在忙碌地赶回自己的归宿，来消化一天的疲惫和辛苦。不管你拒绝不拒绝，马达声、喇叭声和听不清的各种轰鸣声，一阵阵地敲打着耳膜。

从喧嚣开始，城市的夜晚慢慢复活。

我“喵”地一笑，走进熙攘的人群。

## 2 老朋友和新朋友

蛋挞和老鼠是两种食物，需要两种方式来获取，悄悄地偷和狠狠地抓，一种是动脑，一种是用力。偷蛋挞是技术活，更适合我现在的状态。我连续三天没有抓老鼠，无论是斗志还是力量都处于低谷。再说，抓老鼠重要的是享受过程，要花费一整晚的时间。而我现在不放心老K。

大街不远的地方，有一处很火的西点店。我曾经光顾过两次，成功地偷出一小块奶酪和一袋子废弃的蛋糕沫。再去一次，我可以说是轻车熟路，应该很容易完成任务。现在又是店铺最忙的时候，恰是下爪的好时机。

根据我的经验，还要等光线再暗一点，主要是为了躲避街上逡巡的制服人。一只徘徊在西点店门口的猫是会被驱赶的。那些躲在一旁的流浪猫更要防备，稍微不注意，他们便会成群结队夺走你的战利品。

我打算去看望一位老朋友。他肯定还在不远处的一个花坛附近。虽然我不是每天去看他，但只要去那里，一定能见到他。他是一只宠物猫，叫做小帅，是他的主人起的名字。小帅并不帅，较长的褐色毛发似乎分不清季节的蜕变，垂直的白色面斑把脸分成难看的两半。至少在我眼里，小帅远不及老K有风度。

小帅的主人是一位略显呆滞而慈祥的老妇人。每天都会带

着小帅，在花坛边的椅子上坐一下午，直到路灯亮了。老妇人也很喜欢我，每次都会将小帅的猫粮扔给我。她的笑意有点飘忽，但很真实。我能看到她笑容里的渴望、无奈和对过往人群的无视。

果然在。白发满头的老妇人静静坐在椅子上，空洞地盯着对面的车流。小帅伏在老妇人脚下，鼻子抵住路面，身上多余的肥肉很无力地摊在地上。他看到我，红褐色的尾巴才开始有节奏地扫动。

老妇人也发现了我，笑着拿出猫粮扔到脚边，待我凑近，伸出手指轻轻挠着我的颈部。我低头吃食。小帅琥珀色的圆眼转了一圈，又无力地半闭半合起来。

“兄弟，心情不好啊。到底怎么了？”我“喵喵”低语。

“失——眠——”小帅拉着长声，“睡不着，睡不着，我好像感觉不到马路和床的区别了。”

“嘿嘿，还行啊。还知道思考睡觉的问题，我以为你这样的少爷，没有什么可发愁的。”

“我是一只猫吗？没抓过老鼠，没爬过大树，没有半夜和朋友们玩耍。我很怀疑，我不是一只猫。”

“当然是，宠物猫也是猫。你需要我从哲学或者艺术的角度，来求证这个问题吗？”

“唉！”小帅的头就像烙饼一样，“啪”地翻过去，“我是病了吗？明知道牛奶不能喝，还要去喝，证明一下到底喝牛奶拉不拉肚子。还有啊，我使出全身本事，主人也不开心。我很没用的。可能就要被抛弃了。”

“不会的。我想，你只是在家里待的时间太长了。”

“是啊。每天就是我和主人在一起，没有什么太好玩的事情。”

“对呀，你的生活就是缺点精彩。”

“是吗？这很重要吗？”

天啊，这是什么问题，怎么说这样的废话。“应该重要。对于猫。”我知道，自己的回答也是废话。

“我没有问题？”小帅扭头问我。

嘴里的猫粮差点把我噎住。

“唉！”这声叹气有点人的意境，“这几天主人有点健忘，有时候刚刚吃完饭，又去做饭。昨天差点回不了家，竟然迷路了，是一个好心人送回去的。你说，这不是我的问题吗？”

“你说呢？”

“我说是。”

我感到问题有点严重了，小帅不是情绪到了低谷，而是脑袋可能出了问题。是生了锈，还是灌了糨糊？估计差不多。“你只是一个宠物，不是她的子女。不要这样，你有自己的价值，和人相处是平等的，你没有做错事。我说，帅哥，你再多想，真的会病的。”

小帅“嗯”了一声，闭上了眼睛。

我待不下去了。我害怕自己被小帅的情绪感染。

“小乖乖，明天还来啊。”我转身的瞬间，听到了老妇人温柔的声音。

路上的车辆都亮起了灯。夜色如同中国画的泼墨，一层一

层晕染开来。

我在辅路上小跑，希望尽快摆脱刚才的情绪。

离西点店不远的街角，围了很多人。这里常聚集一些小商贩，兜售一些鞋垫、钥匙链等小商品。他们和我们猫一样，也惧怕穿制服的人，遇到了比我们跑得还快。此时，人们围住的是卖小宠物的。

我透过人们的脚踝，看到了地上摆着的十几个小笼子。有小白兔、刺猬和实验室的小白鼠。嘻嘻，这小白鼠不错，机会合适，倒可以成为老 K 的晚餐。

最边上一个笼子引起了我的注意。笼子是个车轮形，正在不停地转动。里面是一只花栗鼠。这周边有很多从山里抓来的小动物，比如花栗鼠、刺猬等被摆到街上卖。

这只花栗鼠体形不大，比我抓过的老鼠还要小，背上像挂着一条小围巾，五条黑褐色和灰白、黄白相间的条纹甩到臀部。他是老鼠的亲戚，但我没有任何食欲。

晕头转向的花栗鼠看到了我，控制住笼子，停了下来，两只前爪向我挥动，嘴里吱吱叫着。奇怪，他的动作和表情竟然接近于人，也就是说，我大致明白花栗鼠表达的意思：请救救我。他在向我求救。

不能吧？这么多人，救他就是在找死。我绕过一双高跟鞋，很无奈地注视着那只花栗鼠。你再聪明，或者有人的灵性，我也没有办法。相信命运吧，猫不是人，我没钱。

命运还真奇怪，猫也有挑战的机会。我听见有人喊：“快跑，城管来了。”接着，摊主忙乱地收拾。围观的人散得很从容，这给摊主争取了时间。违法毕竟是心虚的事，摊主手忙脚乱，碰倒了花栗鼠的笼子。笼子从支架上滚下，穿过了俊男靓女们的小腿。

机会来了。花栗鼠也认识到这一点，便调整姿势，踩着笼子越滚越远。

摊主望着远去的笼子，力不从心啊，只能放弃，拎着自己的东西消失在人群里。

我则灵活地迂回在人群里，紧紧跟着转动的笼子。如果花栗鼠不够专业，随时有可能滚到疾驰的车轮下面。或者不等穿过这条街，会马上被摊主或者穿制服的人捡起。唉，花栗鼠啊，看你的能耐了。我对横穿大街是技艺娴熟、丝毫不惧的。

笼子下了辅路，借着坡势，速度加快，曲线滚动。不好，失控了。我连忙跳过去，前爪一拨，让笼子躲过车轮。花栗鼠还算机灵，伸出后爪，踩住地面，又躲过后轮。

我瞅准时机，后腿用力，将笼子蹬向对面。花栗鼠灵巧地避开着地，防止摔伤。我对自己的速度极其自信，没等笼子停稳，已穿过车流，并将笼子拖到了一棵大树的后面。

花栗鼠惊魂未定，收缩颊囊，喘着粗气。

笼子被一根弯曲的短铁丝拴住。这难不住我。我得意地一笑，竖起前爪，伸出锋利的爪尖，像一把匕首，插进铁丝的缝隙，轻轻一拧，便打开了笼子。

花栗鼠感激万分，吱吱声不停。

“不用客气，你很幸运。”我认为花栗鼠的幸运是遇到了我。

花栗鼠手舞足蹈，比画着各种手势。

“你说，你叫小花，来自西边的原始森林？”我绞尽脑汁，发挥着自己全部的智商。

花栗鼠竟然点点头。

“你能听懂我的话，也能听懂人类的话，但是不会说，是吗？”我很惊讶，叫小花的花栗鼠会有怎样的能力啊？

小花跳过来，抱住我，一副遇到知己的样子。

我躲开了。觉得一只猫和一只花栗鼠抱在一起总有些不妥，人类见了难免产生不可控制的联想。我接着问道：“我感兴趣的是，你怎么听得懂我说话，并且还能清楚地表达给我听？”

小花愣了一下，后肢站稳，蹲立起来。

“噢，这是两个问题。你可以一个一个回答。”看来小花并不是天才型的花栗鼠，反应多少有点慢。

小花开始比画，表情极其丰富，动作驳杂，有接近于人的手势，也有猫用来传递信息的动作。

“你从前的邻居就是一群野猫……”我勉强跟上小花欢快的节奏，“……你和野猫们交往很融洽，人类是野猫的爸爸……”

小花上肢乱动，打断我。

“错了，错了……人抓住了你，你很熟悉人的生活，于是成了野猫的爸爸……噢，错了。嗯，所以，你很了解人和野猫的语言。是吧？”

小花吱吱发出笑声。

天啊，和前门的哑巴猫“板子”沟通也没有这么费劲啊！看来，刚才的默契不过是灵机一动。

“嗯，好吧。亲爱的小花，你也自由了。我们再见吧。祝

你玩得开心。”趁着不熟，赶紧撤出。我怕他黏住我。

小花拦住了我，一副豆粘包的嘴脸。

“不行的。我要去西点店取我定制的蛋糕。还有，我习惯一只猫干活。”

小花一脸坏笑，似乎看透了我的想法，并摆出舍我其谁的架势，用颇具挑衅的姿态告诉我，他也是高手。

# 3 你可以做我的尾巴吗

我没有找个搭档的想法。即使和老 K 一起，要么我看他怎样做事，要么他看着我干活，从没有一起去解决一件事情。搭档是用来配合的，当然，有时也用来出卖。小花跟在我身后，我就开始考虑，如何让这个搭档更好地帮助我拿到店里香喷喷的蛋挞。

出于礼貌，我把名字告诉了小花。但因为一点点虚荣，我让他叫我“德哥”。讨厌的小花却问我，我的弟弟是不是叫“德弟”。我假装看不懂他的手势，对他问了两遍的问题听而不答。

天空还有些光亮，城市里彼此之间的视线早已模糊，仿佛就在一瞬间，整个街道的路灯亮了，各色的霓虹灯争胜一般，逐次闪烁起来。灯光再亮的夜晚也只是黑暗的一部分。猫舞台的序幕拉开了。

我选择在西点店橱窗的一角进行偷窥。里面的店员正紧张地忙碌着，顾客排着队购买。也有人点了几样甜品和咖啡，坐在一旁的餐桌上品尝。各种各样的点心、甜品都成了店里的装饰，油亮亮地发着诱人的香气。

我计划着各种可行的方案。小花则等不及了，吱吱叫着，趴着橱窗流口水。我没有什么卑鄙的想法，是小花主动承担了被出卖的角色。他要明目张胆地闯进店去，吸引人们的注意，

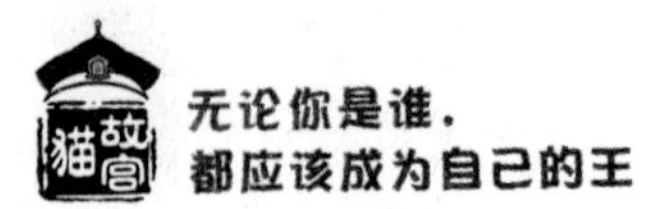


让我找机会得手。我毫不犹豫地同意了这个计划。

路边停下一辆汽车。一位西装革履的中年男子从副驾驶上走了下来。那是一双崭新锃亮的黑皮鞋，敲打着光滑的地砖。可以看得出来，这是一位优雅的绅士。优雅不过是忍让的能力之一，更能虚伪地压抑自己的内心。即使有一个脏兮兮的花栗鼠啃他的脚后跟，他也不会低头去挠痒痒。

“程先生，我在这儿等您。”车里有人和这个男子说话。这个男子姓程。

程先生说声“好的”，又想起什么，回头对车后座说道：“乖，听话，我去买蛋挞。”

我示意小花。这个可爱的家伙，不是四肢着地匍匐而行，而是大着胆子，摇晃着毛绒绒的尾巴，故作绅士的样子直立行走。小花跟在程先生后面，顺利通过了店面的转门。

我并不急的，凭我的力量和体重，足以撞开一条门缝。但我要等，一直等到店里“鼠飞人跳”的时候。

说实话，从前第一次闯进人的世界去偷东西，我是很紧张的。不是因为愧疚，人的道德标准和我无关，我只是一只想要填饱肚子的猫。我是害怕被抓住。被抓住的结局是可怕的，有的猫会被打死，更有可能会被送进流浪猫收容所，那可是传说中的地狱之家。

“喵”，一声优美清丽的叫声，从我的身后传来，好像很远，但听得我心头一颤，似乎很近，却又摸不到一丝痕迹。

难道有同行也在窥视？如果是，也是令我意乱情迷的美猫计。老 K 再三告诫我，美丽的母猫往往会终结一只公猫的自由

和所有的梦想。我不在乎，再美丽的猫会强过一只新鲜肉嫩的老鼠?

小花在店里面东张西望，时而摇动尾巴，提醒我注意，随时准备开始。我不想回头，但那叫声的诱惑远远强过来自蛋挞的香气。

我回了头。就这一回头，我的未来便改变了；就这一回头，我发现世界可以联想得更美好。

声音来自那辆停靠的汽车。后窗的玻璃半敞着，一张猫脸露出来，那是一张令我窒息的猫脸。双耳尖尖，脸庞圆润，姿态温驯，每一根雪白毛发的芒尖上都闪烁着四溢的风情。

也许不完美，但我很陶醉。我终于相信，温驯是猫的美好品质之一，让人无法抵抗，而母猫的魅力尤其如此，更不容你质疑。

特别是那双眼睛，充满魔力一般。我发誓，这是我见过的最漂亮最吸引我的一双眼睛。一只蓝眼，清澈如湖；一只黄眼，金光掩映。我不懂，这猫为什么会有这样一双宝石的眼睛。应该是上天对猫的恩赐。不，是对我的恩赐。遇见，已经是我最大的幸运。

我决定服从内心和命运的安排，去认识这样一位骄傲的公主。她身上散发出来的气味，仿佛五月开花的香槐弥漫在我的鼻孔四周。

木来可以上去和她打个招呼，就像去逗弄那些对我的食物垂涎的流浪猫一样。但我无法上前一步，不忍因为拉近距离，而增加对她的唐突。做一只虚伪又优雅的猫，原来很容易。

我缓缓举起自己的尾巴，向她摇摆。这算轻佻吗？她又轻轻“喵”叫。算回应吗？我继续高举我的尾巴。我看不到自己的神态，但她笑了，笑得我有点尴尬。

突然，店里面传出混乱的声响。小花开始行动了，我才回过神。

小花正在柜台上乱窜，耍尽花样，腾挪翻滚，躲避着愤怒的职员挥动的各种武器。锅碗瓢盆一起飞舞。店里的顾客没有慌乱，对可爱的小花非常包容，甚至等他跳到餐桌上，还拿出手上的东西喂食。

该我出场了。但她还在一旁看着。我这样做会不会有损形象？我第一次思考一只猫的道德问题。正犹豫着，转门开了，程先生拎着一包蛋挞走了出来。

程先生拉开后门。我瞥见她优美的身姿，及那一身如轻纱般的毛发。

程先生将袋子放在车座上，手掌轻轻摩挲着她的头部，“小双儿，给，你的晚饭。”

原来她叫双儿。

这也太奢侈了啊！那么多蛋挞只是一只猫的晚饭。但是美丽的双儿享用这些晚饭，奢侈吗？不奢侈。

双儿很急的样子，前爪胡乱地拨弄袋子，没等那男子关好车门，两个金黄的蛋挞滚落下来，正好停在离我不远的地方。

“别着急，我们回家吃，乖啊。”那男子整理一下袋子，望向我：“小家伙，便宜你了。”说着，直接上了车，对地上的蛋挞看都没看。

双儿贴着车窗看着我，一蓝一黄两只眼睛闪亮如灯。

我知道，这是双儿故意的。

我继续高举我的尾巴，表达我的谢意。

双儿用白绒绒的尾尖敲打了一下车窗玻璃。

我忽然有了有生以来最大的冲动，想大声喊：拿走我的尾巴，拿走我的命；或者，做我的尾巴。

我嘴唇翕动，然而车子没有给我这个机会，冒出一小阵青烟走了，只留下双儿柔美脸庞的虚影闪烁在璀璨的街道中。恍惚之间，我只记住车门上有两个字——故宫。

店里陆续有人出来。小花趁乱，叼着一块奶酪，气势汹汹跑到我身边，瞪圆眼睛，示意我快跑。

小花是主角，我则成了配角，一个无足轻重的同犯。但两个蛋挞在这里，谁会给你机会解释，说蛋挞是赠品不是赃物。我连忙咬住蛋挞的纸托，追上小花，然后领着他，七拐八拐，进了一条比较僻静的胡同。

脾气大是某些成功者的特征。小花就是，放下奶酪，左右两个颊囊鼓得圆圆的，恨不得一口吃掉我。我很少发脾气，因为脾气再大，也不可能有老鼠主动进入你的口中。所以，要不发脾气地成功，成功了也不发脾气，做一只上等猫。这和优雅、虚伪都无关。

我放下蛋挞，用前爪拢住，摆成一对儿。这才望向小花，笑了笑，胡须上翘。

小花生气地舔弄嘴角上挂着的奶酪残渣，然后看着我，似乎等我解释什么。

我不需要解释，只是笑笑，胡须上翘。我继续回味着刚才的感觉，好好消化一下心里腾起的火焰。

小花张牙舞爪，四肢抽筋一般，质问我，为什么没有按照计划行动，这两个蛋挞又是哪里来的，车上的小美猫又是谁？

我更不想回答这些无聊的问题。

小花不依不饶，围着我乱跳，妄图进入我的视线，打断我的思考。他不了解，我想一件事情时，眼前灯亮如昼，也不过是我瞳孔里的一点星光。

我低下头，嗅了嗅蛋挞的味道，努力分离出双儿的体味。太难了，没有深入接触，几乎没有留下什么。

见我无动于衷，小花懊恼急了，颊囊“嘟嘟”抖个不停。

我盯着他，嘴角挂笑。朋友，不是我不在乎你，是你不了解我。嘿嘿，你一只小小的花栗鼠，怎会懂我们猫的世界。

# 4 垃圾场的战斗

乐极生悲。你在得意的时候，往往会被敌人抓住攻击的机会。这条真理没想到发生在我的身上，而且发生得很快，我还没来得及眨眼。

两只黑影仿佛是从建筑物的阴影里脱离出来似的，很突然，很快，成一条带状掠过我们眼前。地上的两块蛋挞不见了，奶酪也不见了。小花盯着消失的奶酪，狂乱地跳起舞蹈，舞步保持着有力的惯性。

抢劫，没有任何技术含量的抢劫！可恶，是两只流浪猫。黑吃黑是街头常见的把戏，弱肉强食是流浪猫的基本法则。我一贯保持高度警惕来避免这种事情的发生，一旦遇到无赖一般的争抢，也会轻松地躲开。如果对方比我更可怜，没有恐吓我的实力，我甚至会大方地施舍给他。同样都是流浪街头，猫何苦为难猫。

我绝对不能容忍，拿我的疏忽当作我的无能，用你的狡猾侮辱我的大意。今天的蛋挞不是昨天的蛋挞。这是给老 K 的，可能是老 K 的最后一个愿望。极其重要的是，这个蛋挞不是我偷的，不是人施舍的，是一只美丽的猫赠送给我的。

我绝对不能容忍，必须抢回来。这是一只流浪猫生存的尊严问题，是能否怀着美好进入梦乡的心情问题，是这个世界看

我笑话却坚决不能满足的理想问题。

我身子一折，拉直尾巴，借着厚重脚垫的弹性，飞身乍起，以最快的速度跟上街角还未消失的两只猫。一只黑身白尾，一只通体青黄相间的条纹。

我及时调整四肢的肌肉，激发体力，让动作有韵律，感受风在每一个毛孔升起。只凭空气中夹杂的体味就知道，他们是流浪在故宫北门的一群无赖。无法确定他们是否制订了有一定智商的逃跑计划，所以我必须咬住，不给他们停下来吃掉蛋挞的时间。

跑的是猫，追的也是猫。行人惊诧，来不及猜想猫的故事。某个时装俏丽的女孩，夸张地尖叫起来，引领着夜中这个难得的骚动。大多数人还是保持事不关己的冷漠。不就是几只猫吗，跟人有什么关系，就算自然灾害的先兆出现，都不会出现在统计数据中。

那两只猫穿过人群，绕过无数人腿，竟然按着路牌指示，顺着台阶进了地道桥。为了缩短距离，我直接爬上桥口的一根路灯，高高跃下，落在不锈钢护栏上，又一弹，准确地跳进地道桥的入口。

“好棒！”有人叫好。是一个拿着糖葫芦的小女孩。

地道桥里一个歌手正弹着吉他，低头吟唱：“……我给你自由，记忆的长久；我给你所有，但不能停留；我像风一样自由……”我像风一样，奋力追赶，将所有的音符和节奏厚实地踩在脚下。

很庆幸，这两只笨猫没有分开，一前一后出了地道桥，奔向北门。果然要去他们的老地方，故宫北门的一处垃圾场。嘿

嘿，仗着猫多势重，我就会怕你？今天无论如何，我都要夺回来，哪怕你们的牙齿比我锋利，你们的爪子比我尖锐。

垃圾场在北门不远的一侧。这个城市有良好的环境管理体制，没有那种凌乱不堪、蚊蝇乱飞的场面。那里，整齐地排放着数十只蓝色的垃圾桶。每天傍晚，游客们一天留下的垃圾会填满每一只桶。我也曾经来过，钻到里面寻找游客抛弃的食物。可以这样说，这一处地方养活了附近数十只流浪猫。

两只猫明显放慢了速度，回头看我，胡须上挂着些许嘲弄。他们以为，他们的地盘他们做主。每一只垃圾桶上都站着几只猫，空地上也有，翻转着颜色多样的塑料袋、包装纸。注意到我这个不速之客，齐齐扭过头来，表情森然，一副领地神圣不可侵犯的气势。

多余。这里不过是我的一处行宫。不就是打架吗？流浪猫没打过架，都不好意思说自己是流浪猫。老K教育我的，客场也要打出主场的气势，被动的下场只能夹起尾巴离开。

我像射出的箭，没有一丝停滞，摆动尾巴，抖动脑袋，跳上一只垃圾桶，等后爪落下，又一转身，跳向那两只猫。在半空中，我已经伸出乌黑的利爪，大叫一声“喵”，狠狠地抓向那两只猫的脸颊。

利爪击中了那两只猫的鼻子。他们不得不吐出叼在嘴里的东西，顺势一滚，与我拉开安全距离。他们站定，前额微倾，恼怒地竖起尾巴，肚子里发出呼噜呼噜的声响。

我用前爪把两个蛋挞和一小块奶酪拢到一起。“我输了，我就走。但现在，这些是我的，谁也不能动。”我扬起头，舒展一下头顶的M斑纹，四面环顾，“喵喵”尖叫。

我的挑衅达到了目的。整个垃圾场“喵”叫一片，此起彼伏。好斗的流浪猫都围了上来。空地上，我一只猫叫板二十余只猫。其余的蹲在垃圾桶上，以放松的心情做一个轻松的观众。我机敏的余光看到，更远的地方围观着更多的猫。嘿，围观没有善意。

用不着任何废话。说废话就是心虚示弱。

我在光滑的地砖上轻轻磨动爪子。“吱呀！吱呀！”我降低身子，开始蓄力。我找准一个目标。就是你，黑身白尾的猫，从你开始。我猛地跳过去，所有的力量汇集在爪上，挥出坚不可摧的一爪。

那只猫没想到我会主动攻击，略微迟疑，才想起躲避我凶狠的一击。迟了。爪子是虚招。他躲过我的一爪，后背却被我蓄谋已久的牙齿咬住。其他的猫连忙上前，或是解救，或是攻击我。我与那只黑身白尾纠缠在一起，在猫群中翻滚，有机会也会给旁边的猫一爪。

大家混战在一起。我不怕混战。这种情形，只有乱中取胜。我的战术是，不怕被对方抓伤，要死死缠住一个，将对方打惨、打怕，更让其他的猫害怕。混战中，有的猫空有实力，跑在外围干着急。我不会再给别的猫捉对相搏的机会。

我除了咬住对方不放，还必须不断变化位置，保护自己不被另外的猫缠住。坚持住，才有机会。果然，那只黑身白尾猫再没有反抗的信心，只是一味地躲避、挣脱。他伤得不轻，后背的疼痛绝对让他对我产生了恐惧。

渐渐的，我感觉他放弃了躲避、挣脱，身体的力量一点点消散，成了一个软绵绵的沙包，任我摔打、蹂躏。我依然咬住他，

用他的身体扫开攻击的猫。气势上，我赢了。猫们开始后退。

我也退后一步，绷直脊背，前爪直立，蹲坐在黑身白尾猫的前面。我也受伤了，头部、后臀被猫抓了几下，不重，但有血粘在毛发上面。

我双眼向前，望向那些依旧蠢蠢欲动的猫。战斗中，注意力没有必要给失败者，即使嘲笑他也不需要，更重要的是把目光作为武器，去打败那些心存侥幸、贼心不死的懦夫。

垃圾场上再没有嘈杂的猫叫声。有的猫似乎很快遗忘了刚才的争斗，跳到桶里去寻找食物。

“黑身白尾”试图站起来，努力尝试了几下，还是没能站起来，只是用前爪支撑，抬起了头。“你赢了，拿走你的东西。”

我一动不动。尽快恢复体力才是关键，胜利的礼仪对于流浪猫没有什么实在价值。还有，不要相信危险过去了，也许，另一个危险可能不远了。

我扭头向上看。身后是故宫厚重的城墙，威严坚固，高耸入云。城墙的垛口上站着两只猫。垃圾场的空地有路灯，光线较亮，对方应该能看清我的样子，但我看不清对方，只看到两个剪影。

有一只猫身材格外高大，更像一只狐狸或者狗。距离虽远，我还是感觉到一股逼人的气息。他不是一只普通的猫。老 K 说过故宫里的猫都不普通。而这只高大的猫的剪影，勾勒出了一位王者的轮廓。

他一定在凝视着我。我看过去，去接受赞美也好、轻视也好、什么也好的目光。我尊重每一道陌生的目光。

对视没有持续太久。他转身走了，消失在城墙上的黑夜里。旁边的猫，紧跟而去。

小花不知道什么时候站在我旁边，沾染着胜利者的光环，在一群猫前展现着一只花栗鼠的傲慢。这种态度我是不屑的，甚至有点小讨厌，但我是宽容的。人都有这样的人，又何必责怪一只花栗鼠。小家伙还行，至少能够找到这里。

我叼住蛋挞，慢步而走。再谦虚，我也是胜利者，姿态还是要有的。

恰好经过“黑身白尾”身旁。他双眼紧闭，无力地躺在一杆路灯下面，四肢蜷起，尾巴压在臀部下面。旁边一只白身黑尾的母猫紧挨着他，正轻缓地舔弄着他带血的毛发。母猫目光柔和，肚子滚圆。她有小猫了。

我犹豫片刻，放下一个蛋挞，并用前爪推到“黑身白尾”的嘴边。

“黑身白尾”眉头一颤，睁开眼，缓声说道：“谢谢！”

我微微点头，领着小花离开。

身后传来“黑身白尾”的声音，“我叫黑豆，晚上来这里就能找到我。”

# 5 遗嘱

景山公园内外是两个世界。

外面灯火辉煌，好似星光，犹胜星光，将各色傲慢与偏见、真诚与虚伪融合，和黑洞一般无尽的舞台，演绎着人的各种故事。而里面，一日的嘈杂留下了独有的静谧，那山、那树和那无数斑驳的影子，似乎开始一夜的反思。

小花依然跟着我。和一个事物熟悉一点，就会失去一点接触陌生事物的勇气。所以，友谊是依赖的产物。同样，小花留下来，我很高兴。猫在准备迎接悲痛的时候，遇到“豆粘包”和遭遇“雪中送炭”，心情是一样的。

小花十分喜欢这里，开始憧憬做我邻居的美好生活，计划着在亭子顶部、大树树杈和花坛深处建造自己的小窝。我没有任何意见。如果这里是我的王国，我会毫不犹豫地送给他。很遗憾，这不是。

奶酪没能坚持到万春亭，就成了小花的腹中物。老 K 窝里窝外散落的各种吃食激起了小花贪吃的本性，一些很久以前甚至有些变味的也没能逃脱。老 K 依旧在沉睡。

我将蛋挞放在老 K 的嘴边，卧在一旁，紧紧挨着老 K 缓缓起伏的脊背。我低头梳理毛发，舔舐自己的伤口。我有些困了。晚上并不是一只正常猫的睡眠时间，但我确实困了。

我灵敏的听觉还保持着高度的戒备，能够从小花咀嚼吞食的声响中分辨出一丝异动。我张开眼，看见老K醒了，正舔食着嘴边的蛋挞。

老K确实老了，舌头上的小刺完全替代了牙齿的功能，刷子似的舔着蛋挞，一点一点地磨掉。老K眼睛半闭着，看状态比昏睡前更糟糕，根本无法感受我凝视的目光。

“好吃。”声音证明老K恢复了力气，身上的肌肉开始蠕动。他想站起来。他将头扭向小花，瞳孔里竟然有了光泽。“有老鼠。好，好。”

小花吓坏了，抱起滚圆的肚子，一哧溜跑了出去。

“太贼了，我只是睡了一觉，老鼠竟然进化了，还是花皮老鼠。”老K是个智者，不应该这样糊涂了吧。

老K颤悠悠地站起来。他已经连睡了几日，竟然还能站起来。我不知道这是好事，还是坏事。

我忙靠过去，让老K有所依靠。

“是不是天快亮了？”

“快了。”也许，与一只猫的一生比较，是快了。我心头有不好的感觉。

“走，陪我，去看看日出。”老K晃动着站不稳的四肢向前走。

我先迈出步子，调整身子，帮助老K移动。没几步远的距离却走了很长时间，老K急促呼吸的肺震得我有点难受。我怕老K从琉璃瓦上滑落下去，便咬住了他脖颈的皮套，几乎是拖，将他妥善地放在亭顶的脊背。

“好，真美。”他望向南面，那一片灯光稀疏的故宫。除了

宫墙、角楼和门楼，中心区域与黑暗无异。我怀疑他不是看到的，而是想到的。

我蹲坐在老K的下面，确保他不会滚下去。

“德弟啊！”老K叫我。

我“喵”了一声，也跟着望向南面。

“我知道，我快不行了，猫活这么长时间，人都要腻歪了。”老K清醒了。能自嘲的猫，都是聪明的猫。

“我只有一个愿望——”老K停顿了一下，慢慢伸出前爪，指着不远的故宫，“那里，一个叫御花园的地方，有许多树，和许多花。有一片玉兰树，我很小很小的时候就种下了，每年春天都要开花，白的、粉的。现在，应该快开了。”

什么愿望啊？不会是让我去给你偷一枝玉兰花吧。这任务有点风流，但好难啊。

老K作吞咽状，闭上眼，说道：“我死后，你把我送到那里去，放在一棵玉兰树下，就不用管了。”

我心里一沉。老K还是无可避免地提到了“死”字。

老K语气平缓，娓娓道来：“那是我们猫的墓地。我从来没有给你讲我的过去，没有讲那里的事情。我就是来自那里。时间久了，不是忘了，而是记得太深，一讲起来，好像刚发生，让人难受。”

“我是一只缅甸猫，纯种的缅甸猫。很小的时候，被主人送给另一个主人，又进了故宫。对了，你是一只狸花猫，是中国特有的品种。血统对于流浪猫来说是多余的标签。和流浪的土猫一样，血统决定不了你的生命和尊严。”

我想打断他，问眼睛一蓝一黄的是什么猫。但忍住了，此时打断他就是浪费他的时间。

“说我吧。现在说教的确无聊得很。我的妈妈一共生了十三胎，我排行十三，按照扑克牌的顺序，我是K。这是非常有趣的事，没能成为王，只能成为老K。如果有墓志铭的话，可以写上‘没有成为KING（王）的K’。

“我识字不是依靠天赋。天赋是很不着边际的东西。你生来就会吃奶，是天赋，但大家都会。我一有记忆，就看到了字，汉字。我曾有两个主人，都非常有才华，尤其是第二位，对我的影响很大。猫的年龄再短暂，我也死在了他的后面。他太可惜了。”

我感觉自己的思维有点跟不上老K的节奏。

“很久以前，故宫里就住着一群猫。很久很久吧，可能是上个朝代的朝代，或者故宫建造的时候就有了。但没有一只猫王是以血统的方式传承下来的。对了，说到血统，你是一只狸花猫啊，地道国产。”

嗯。我点头。这个刚才说过了。

“故宫里的猫大部分还是流浪猫。流浪猫进入故宫是猫一生的幸运。当然，如果一只流浪猫最大的梦想是吃饱了，没有人欺负，风吹不到，雨淋不到，那就是幸运。但我的梦想不是这样的。”

我又想起他刚才提到的墓志铭。

“对了，墓志铭是多余的，你别放在心上。那里的玉兰树是墓碑，飘落下来的花瓣和枯叶就当文字了——墓碑上的文字。

我的这个金牌很重要的，和我在一起，会有人认识，然后把我埋到一棵树下。”

“故宫很大的，据说有九千九百九十九间半的房屋。我没有无聊地数过。老鼠很多。他们很可怕，因为他们不但吃粮食，还吃文明。文明是人类的记忆，也是我们的记忆。但我们不依靠人类。我们不是狗，是猫，是人的朋友，平等的朋友。”

我明显听出老K的中气很足。他这是在耗尽最后的力量，如同一截融化并粘在桌子上的蜡头，格外明亮。

“德弟啊。朋友很重要，和人，和猫，和狗，和我们生活在一起的草木。你爱他们，他们何尝会伤害你？背叛只是一种疏远，终会在醒悟的时候再回来。但是，你不能等，要么去找他，要么忘记他。”

我不喜欢有关背叛的一切，骨子里憎恨背叛，就像憎恨沙尘和烦人的汽车尾气。我也知道憎恨是徒劳的，一些东西改变不了，只能适应并理解。

今天没有雾。东方泛白，街上车辆渐多，睡了一夜的城市开始苏醒。有零星雨点落下来，很轻，沾在毛发上。

“刚见到你时，看到你的眼睛，就像看到了黎明。有点像我。你的眼神，不恐惧这个世界，也不在乎这个世界。每天垃圾堆里都会扒出猫的生命，而我独独收养了你。我不可能有子女，你就是我的儿子。你和我一样，所以，你进了故宫，就出来吧。那里同样不适合你。”

我让自己的脑细胞活跃起来，仍然搞不清个别句子之间的逻辑关系。

“故宫是世界上最高贵的灵魂建筑，猫是世界上最高贵的灵魂诗人。如果你想高贵地活着，不管是在恶臭的泥坑里打滚，还是在花香弥漫的院子里散步，只要知道你自己是谁，你就高贵了。”

最后一句有点绕，应该和诗无关吧。老K的文艺范儿，我学不会。你也别让我学，算我求你。

“要下雨了吗？”老K仰着头。

“是的。”这是我一晚上和老K说的第一句话。

挂在毛发上的雨珠，一串一串，犹如披着一件珍珠衫。我不忍抖落下来，我怕一点动作为老K的谢幕画上败笔，怕惊醒一个高贵的灵魂最后的吟唱。

“下雨，就不会有日出了吧？”老K略显失望。

“说不好。”

整个天空明亮了许多，城市的面貌清晰起来，路灯都灭了，能看到大街上匆忙的行人。

“如果啊，如果……”老K语气无力，越来越缓。

“你……见到一位优雅……优雅……”

“猫啊，猫……”

老K头靠在了我的背上，再无生气。

我一动不动，没有去看他的眼神。我不敢，不忍，不能。一位长者就此安详地睡去，我没有任何借口去打扰。

我的目光穿透细密的雨丝，看见许多晨练的人进入公园。

新的一天开始，生活照常继续，这个世界没有任何记录，一只聪明、优雅和高贵的老猫，在这里死去。

# 6 进宫计划

这是今春第一场雨，比去年来得迟些，却更清新些，有一股凉意沁入心底。公园里冒尖的嫩草，吐芽的枝条，湿润的绿色仿佛袅袅的水烟，丝丝缕缕，洋洋洒洒。

我和老K引起了游客的注意，有人拿出手机拍照。一只活着的和一只死了的猫，经过谁的脚边，都会被忽视或遗忘。此时此景，不是因为我们是雨中的猫，而是我们装饰了这雨。

小花是从亭子的圆顶顺着檐脊滑下来的。他没有凑近，而是远远端详着老K。脸上悲戚的表情算是对老K的尊重吧。当然，小花作为唯一来追悼老K的客人，我无比感激。

我实在没有精神来举办更庄重的仪式，静静地待在这里未尝不是对老K的缅怀。我有点悲伤，在拥有如此沉重的心情时，才明白自己失去的是什么。

老K给我留下了一个很大的难题。目前看，是无解的。我去过城市的很多地方，唯有故宫望而却步。它的安保是顶级的。不说那些高端的电子设备，就是那些经验丰富的保安也打消过我多次闲逛的念头。

计划一：从游客最多的大门进去，靠游客掩护，寻找空当。

计划二：晚上从防卫松懈的门进去，希望他们认为我是从故宫里出来的猫。

计划三：找到能够临近城墙的建筑或者临时搭建的房屋，越墙而入。

这是我能想出来的三个计划。仔细一想，都有很大的缺陷。三个计划偶然因素太大。如果我是单独的一只猫，混进去还有一线机会，但带着老K绝无可能。关键还需要很长的时间来事先调查，而我没有这个时间。

我向小花说了老K的遗嘱和我的想法。小花没有提出任何建议——他不具备军师的潜质。我也有知人之明。

昨晚，我靠的是勇气。那些猫可能有一大半能胜过我，无论是牙齿，还是利爪。我赢了，是因为我做好了准备，准备打倒第二只、第三只黑豆这样的猫，或者被第四只、第五只打倒…… 黑豆，黑豆。他会不会有什么办法？

我振作起来，将老K拖进窝里。现在，我需要做三件事：一是出去走走，找点吃的；二是围着故宫转转，找点机会；三是等到晚上，找到黑豆。小花，自然成了我的跟班。

雨，一如既往，保持着春天温柔的节奏。连伞都没有出现，可见人们对雨的期盼和欢迎。路面微湿，踩上去，带不出一个泥点。

小花很喜欢卖萌，换来游客一点食物，甚至要求骑在我的背上，展示两个动物的杂耍。我没搭理他。本来是靠城市的施舍和同情生存的小丑，却要玩艺术家的气质，就不再是生活的状态，而是无耻的变态了。

我在公园的角落里找到了两块饼干和半瓶没有喝完的水。我再三告诫小花，必须低调到让每一个人都看不到你，否则人

类的好奇会害得你回不了家。小花倒听话，上了街，展现着自己最强的本性，躲躲闪闪，让我本来放松的心情又跟着紧张。

我们穿过大街，直接到了北门。门口附近的垃圾场启动了停车的功能，看不见一只猫，偶尔看见几只颓废的流浪狗在车底穿梭。这里有个不成文的规矩，白天是狗的地盘，晚上则是猫的。那群活跃在四合院居民区的流氓狗，被我们称为“狗头帮”，疯狂没有原则，甚至有时攻击人。

但我还是将流浪猫第二法则告诉小花——避狗。流浪猫和“狗头帮”能相安无事，是用时间划分出的空间界限。白天，猫们更喜欢待在窝里，减少曝光在人群之中的机会。我也不例外，但是老 K 的事情，需要我克服自己的习惯。

我们走过北门右边的草地，顺着护城河堤向西走。

护城河水清澈见底，雨点敲起无数涟漪。虽没有阳光，但河面依然敞亮，倒映着岸边窈窕的垂柳。没有风，垂柳如碧翠的丝绦，一根根画出春的柔美。

站在这护城河的拐角，望着对岸的角楼，总有一种穷尽天地的陶醉。角楼像是一枚巨大的指针，让天静止，让云静止，让目光静止，不知鎏金宝顶吸收了多少日月的精华，此时也隐隐焕发出烁烁的光芒。

我一直喜欢角楼的存在。无论是从远处看，还是从近处看，角楼都提醒了故宫的存在。它生动地拉住了我的视线，让目光停留在一个空间。

憧憬自由的自然，是我最大的梦想。高山、森林只是脱缰的野马遗留的色彩，看不到，抓不到。我十分喜欢这里，除了下水道，这里给予了我无穷的联想，从现实到梦想。

好心情是用来被破坏的。河边有一群小憩的游客，围坐在一张“禁止游客在此游玩”的牌子周围。呆萌出众的小花成为众矢之的。这些“矢”包括石块、泥团、短树枝和包裹了什么垃圾的袋子。小花东躲西闪，灵活避过，而且没有掉到河里。

我是不会游泳的，所以，不能等小花掉进去再采取行动。我曲线跳跃，落地一次，改变方向一次，避过弹雨，“蹭”地穿过人群，顺便将他们摆放在草地上的物品打翻。我扮演了引人注意的角色，小花安全离开攻击区域，追上了我。

又走了很长一段，拐到了午门。这是故宫的正门，人很多，排起的长队如蛇一般，弯折环复。安保人员一边验票，一边认真检查每一个游客。看情形，正面进入是没希望了，我一只猫也不行。

我确定，小花是来捣乱的，没过多长时间，就多次向我抗议，饿了，拒绝再向前一步。偌大的故宫外围，走了不到一半啊。看来流浪猫第三法则——耐饿，不适合他。耐饿，就是饿极了，也要保持清醒，知道自己想要的不是诱惑，而是内心真正的满足。

没办法，我领着小花到了附近的一处水果摊位。摊主向游客出售加工的水果，因而会将许多有霉点或者其他不能食用的丢弃，还有一些果皮、果核等。反正，小花有不挑食的优点，这些足以填饱他潜力无限的肚子。

我本来没有去捉一只老鼠的计划，既然给了小花就餐的时间，那么也不能对自己太苛刻。我已连续一周未曾吃过老鼠。老 K 解释过为什么猫爱吃老鼠，因为吃老鼠能补充牛磺酸，可以增强我们在夜里的视觉能力。为了今晚，有必要去大补一次。

下水道不分白天黑夜，老鼠更不在乎什么黑天白夜，与人人喊打的喧闹比起来，这里安静又安全。对老鼠来说，我是唯一危险的因素。这里，我了如指掌。下水道网络纵横，有许多不能使用或者使用不到的死角，那里就是老鼠的窝。

我不是来享受的，直奔主题就好。不必理会老鼠的尖叫，放弃逗弄的乐趣，抓住，咬死，吃掉。干净利索，不拖泥带水。

出来的时候，天放晴了。阳光蒸发着水泥地的湿气，呵护着每一点绿色，让生命不知不觉跟上季节的脚步。

小花吃饱了，知足了，跟我完成了考察任务。结果在意料之中，希望出现的偶然条件没有出现一个。看来，希望只能寄托在黑豆身上了。

天色未晚，我还有时间带着小花去看看小帅。很遗憾，今天小帅没有来。长条椅子上坐着一对老夫妻，手挽着手，听一首咿咿呀呀的歌。落日的余晖柔柔地照着两张沧桑的脸庞，格外祥和。

等路灯亮满街头，我和小花出现在了北门门口。流浪猫的party（聚会）准时隆重开始。有认识我的，点头示意，算是打了招呼。也有几只母猫远远地抛过媚眼，一律被小花挥臂接住。

黑豆略显疲惫，昨晚的战斗多少影响了他的状态。“什么事情，需要我帮忙？”他很真诚地说道。

“我叫德弟。”我觉得有必要先告诉对方我的名字。

“是德哥。”小花高傲地仰头纠正。

黑豆微笑，“你好，德哥。”我不置可否。

我说明了来意。黑豆对老K印象深刻，说他是老一辈流浪猫中最有地位的一位，并表示能为他做事倍感荣幸。只是黑豆的建议让我心里一片凄凉。他说，叫上一群猫，去冲击大门的门禁，然后趁乱进去。

这种流氓战法不是不可行。只是，如果我和老K被盯住，会被认为我们与这些猫是一伙的，可能还没到目的地，就会被恼怒的人类赶出来。混乱之中，没人会耐心去看老K的铜牌。唉，流氓不是因为他有多坏，而是把“坏”的含义想得太简单。

我很无奈。

黑豆见我如此，不再说话，低头琢磨。突然，他说道：“有一个机会，你可以试试。”

我忙道：“快说。”

“北门每天清晨，垃圾运走之后，会有送货车，来给这里送各色物品。每次东西不少。我们有一只猫，曾经在这个时候成功偷过一袋子香肠，没有被发现。那时，应该有机会藏身进去。”

我眼睛一亮。任何事情一旦有了规律，就有了漏洞。这个可以考虑，是目前最好的机会，变数不大。好，就明天清晨了。

黑豆尚且担心，希望能帮我的忙。

我拒绝了。有些事情，我必须自己做。

# 7 闯关

我不赞成小花跟我同去。一是他确实帮不了忙，智力不行，体力也不行，总不能做一个多余的观众吧；二是我可能很快就回来，没有必然做无谓的冒险。小花坚决要去。但疲惫的身体出卖了他，直到后半夜我睡醒，他的呼噜声正高唱不止。

怎样带着老 K 的身体，我早有了主意。老 K 身材看似比我大，但毕竟已经苍老，肌肉萎缩，体重骤减，特别是脖颈的皮套松松垮垮。我将自己的头从他腭下伸进去，并没有勒紧的感觉，恰好卡在胸腔的上部，然后把他的四肢放在我脊背两侧。这是一个安全又省力的背负姿势。

我低声喵语："走了，送你回家。"

从亭子顶跳下去，我多少有点担心。背着老 K，重力较大，难以保证我跳到树上并能抓牢。我猛吸一口气，一跃而去。果然没有达到平时的效果，而是像炮弹一样直直撞向树干。我急忙用利爪挂住树皮，哗啦扒下一片，快滑到底部才控制住速度。还好，老 K 保佑，平安落地。

街上几乎没有行人，偶尔看到穿橙色制服的清洁工正低头忙碌。时间来得及，我缓步而行，尽量让老 K 舒服地趴在背上。明知道他不再有感觉，但我对他有极其难舍的感情，能感觉到他没走远的灵魂还依偎在我的身边。让我没想到的是，黑豆居然等在那里。

猫们早就散去。

“我认识他，他值得猫们的尊敬。很小的时候，他教过我认识街道上的名字，但我学不会。”黑豆上前，轻轻舔着老K的毛发。一只猫记住一个事物的味道，是最贵重的回忆。

“谢谢。”我说。包括黑豆对老K的尊敬和对我的帮忙。

“这是你的法则吗？要和你打败过的人说谢谢。”

“这是我的法则，但只和我的朋友说谢谢。”

一辆厢式货车从街上变道，行驶到北门的不锈钢护栏处停下来，左边的转向灯还亮着。两个保安拉开仅容一个人进出的小门，走了出来。

黑豆示意我跟着他，跑到车子的后面，藏在车轮的一侧。

黑豆低声说道：“他们会有很多的袋子、纸箱，从车里搬下来，由两个保安进行检查，但不会帮忙，只是监视整个过程。我们需要找机会，把老K放进一个检查完的箱子，你也要钻进去，藏好。”

这就是黑豆的计划。我认为基本上没有漏洞，关键是看整个过程是否会发生什么意外，还有千万不要藏进一个本来就很轻的箱子或袋子，那样很容易引起人的警觉。

司机下来了，打开货柜的门。

“老李，今天怎么就你一个人，明子呢？”

“住院了。昨晚吃烤串闹肚子了，有点肠炎。”

“哦，那辛苦你了。”

“不辛苦，命苦。”

“哈哈，什么呀，听说你刚在六环边上买了房子，了不得啊。”

“嗯，还好没七环，实际上我那地儿，比五环多两圈儿呢。”

“哈哈。”

我大概听懂了他们的对话。

司机一个人卸下好多东西，箱子有五个，袋子有十几个，很凌乱地摆放在车子附近，等着保安检查。

我和黑豆分开观察。命不好啊，今天所有的袋子都是死口，本身就是包装好的成品。箱子里的东西也不多，用胶带封着。黑豆示意我别急。

保安用手摸摸袋子里的东西，确定是原品，便没有拆开，只是要求那个司机打开所有的箱子。司机用指甲抠弄一下胶带，几番尝试，都没能扯开，便进了驾驶室，把车熄灭，拔下车钥匙。有的箱子装的东西不少，用钥匙划开胶带之后，一些柔软的物件撑了出来。

机会来了。我尽量挪到与纸箱较近的位置。等三人检查过，转身看另一个时，我急忙上前。黑豆跟上，极好地配合，将纸箱的盖子掀开。我猛地震动脊背，从皮套脱出来，把老K甩进箱子。

我正要跳进去，黑豆忽然盖住纸箱，一撞我，示意赶紧藏好。“差点就让他们发现了。”黑豆紧张地说道。是啊，差点，我也进去了。怎么办？看来只有硬闯了。

确认没有问题后，保安便退后一点，吸上了烟，让司机一个人搬。袋子里的东西很轻，司机轻松地拎起四个袋子，然后进了大门，扔到几米远的一个角落。老K啊，还好没有给你选袋子，否则你死了，还要承受骨折之苦啊。

箱子明显沉重一些。司机搬了一个，歇息片刻，才再搬另外一个。老K藏身的箱子，在我的注视下，搬进了里面。他终于平安进了紫禁城。还有最后一个。我向黑豆点头，舒展一下四肢，示意自己要闯了。

那最后一个箱子看起来更重。司机先是蹲下身子，挪动了箱子的位置，然后吸了一口气，才颤巍巍地搬起来。就在他下蹲起身的过程中，兜里的车钥匙掉在了地上。司机没有注意到，或者无暇顾及。

我没来得及和黑豆打招呼，便穿过车底盘，从驾驶室的位置折回，故意让保安看到我。我迈着自认为优雅的步子，发挥着宠物猫该有的气质，目不斜视，叼起那把钥匙，然后昂着头，随着司机的步伐，颠颠地跟在后面。

“呦，这猫不错，记得给主人捡钥匙。”一个保安对另一个保安说。

司机全神贯注地想着他的箱子，根本没有听到这话。他咬着牙，一头大汗，终于将箱子放好。“真沉！差点折了我这老腰。”

我恰到好处地出现在司机的脚边，蹭着他的裤脚。

“呦，这猫不错，故宫水平就是高，养的猫都这么有灵气。”说着，拿过钥匙，还挠挠我的脖颈。

司机一转身，我以最快的速度将老K拉出来，套上皮套，驮好。但我没敢马上跑，现在跑容易被发现，一旦发现就跑不了了。

我听见车子打火启动的声音。这才试探性地伸着脖子，观察门口的情况。一看，我就愣了。

小花后肢直立，正傻乎乎地站在两个保安的脚下。

“三儿，什么情况，今晚不会有啥事儿吧？刚刚莫名其妙地闯进一只猫，这又来了一只老鼠。难道世道变了，老鼠学会反击，开始追着猫跑了？”

“哈哈，拉倒吧，你。这是花栗鼠——宠物。还老鼠？！”

“哦，那就是花栗鼠爱上猫的故事呗。”

“哈哈——”

我怎么就听懂人话了。小花啊，小花，人的话你也懂点，难道不害羞？

小花揉着眼睛，摸摸耳朵，扭着头，看着两个人，爬了几步，停下，又扭头，再小心挪动几下，见两个人没反应，哧溜一下跑了进来。

两个保安被小花的样子逗得哈哈大笑。

我叫住分不清方向、在一棵树下发呆的小花。小花看到我，高兴地跑过来。

“你怎么来了？”

小花打着手势，意思是“我为什么不能来？”回答显得有点智商。

“你为什么就能来？”

小花挠挠头，有点疑惑，指着自己，“我不能来吗？”智商开始下降。

“谁说你能来了？”

小花想明白了，点点头，承认了我的意思，“哦，我不能来。”

“来了就来了，走吧，一起逛逛这富丽堂皇的紫禁城。”我笑着，示意小花随我一起走。

我也不知道具体的位置。什么也不知道，只能随缘。一进门，没走几步，便是东西方向极宽的一条“大街”。不知道是否是大街，两侧是各个房间的入口。

幸运地看到一个指示牌竖在附近。我跳上一只垃圾桶，高度刚刚好。上前一看，傻了，大部分字都不认识。识字不是我的强项，千万只猫中也就老K一个能认字，现在他又不能说话。从地形和标识上看，几处类似的花园位置都不远。

我和小花沿着红漆宫墙的墙根向东，然后从东至西走，总可以找到吧。天色微亮，但空旷无人，强化了黎明的凄凉。小花有点害怕，挨得我很近。

“小花，今天应该恭喜你，你做到了流浪猫法则的第四点。”我故意停顿一下。

“就像我和黑豆大战一样，勇敢。”我能想象出来，这句话对小花的鼓励作用有多大。

“但是，这是你在还没睡醒的情况下做到的，希望你睡醒以后也能做到。哈哈。”

小花调皮地用头拱了一下我的脖子。

# 8 玉兰花开

我和小花走到最东边，见一扇门虚掩着，便走了进去。微弱的晨曦之下，果然看到一个春意盎然的花园。举目四顾，亭台楼阁错综分布，花木山石交互融合，美得意境舒缓，只是没有看到一棵玉兰树。

进了一个亭子，里面很是奇特。不大的地面，却凿出弯弯曲曲的水渠。这是用来喝水的吗？也许，弯曲增加了长度，围在这里喝水会增加很多位置。

看不到玉兰树，要赶紧去找，赶在开放之前，会减少很多不必要的麻烦。我正要转身离开，却听到了猫叫声。是两只猫在说话。我示意小花别搞出动静，悄悄地跳到一处山石上，看到两只猫正趴在一处游廊的扶手边。

"——你吃完早饭就去吗？这样不好，如果缺席钢王的早训，会被处罚的。"

"你见我被处罚过吗？我都被大家忘了，钢王又怎会记得我？你说的是你，不是我，我是没有尾巴的猫五。"

"是比不了你。但听钢王的，我们有好处的，吃饭的时候，至少没人抢你的煎鱼。"

"你见过我吃煎鱼？嘻嘻，有人抢，何必去吃。秀色可餐啊，一会儿你们去抢煎鱼吧，我去看我的女神。”

“嘿嘿，你的煎鱼不是抢来的，这个谁不知道？你说得也对，去迟了，恐怕也没你的位置。我走了，去御花园溜达一圈。”

“嗯——”

哈哈，真是巧呀，有猫领着去。我扶正快要滑下来的老 K，紧走几步，想要跟上快要离开的那只猫。

“站住！”有猫叫住了我，声音冷硬，透着一丝寒意。小花吓得差点前肢举起。

是那只留下来叫做猫五的猫。和我差不多的毛纹，但全身金黄，比我强壮，脖子上挂着一个红绳银牌。很明显，我看不到他的尾巴。

猫五细细打量我，也看到了背上的老 K。“你是送归的？”这个意思我能理解，看来送老死的猫回来是这里的传统。他上前看着老 K，“呀，还是一个皮套金牌的前辈。”这句我不懂。

“我送你去吧，刚才那小子靠不住，说是去御花园，其实是早早回去，给老大舔毛了。”猫五倒是声冷心热。

我当然高兴，不断表示谢意。

猫五对小花没有好感，可以说视而不见，一味跟我聊天，问我很多故宫外面的事情。

我所知道的无非是流浪猫之间的争斗和偷窃食物的惊险，但这却引起了猫五的兴趣，甚至让他走神不已。

话多了，显得熟悉了。猫五毫不忌讳自己的过去，说自己很小的时候就进来了，但那时就没了尾巴，不能追击老鼠，在故宫里自然成了混日子的角色。

的确，稍微走快点，猫五的平衡感就会减弱，有点晃悠。

“哈哈，我没尾巴，但耳朵灵。你刚到的时候，我就听到了。还有，可别小瞧我，猫们欺负我，我不在乎。老鼠们是很怕我的。我不能抓到他们，但我可以吓唬他们。”说着，面容变得狰狞，扭头朝小花大吼一声，猫五的胡子、毛发跟着颤抖不止。很有老虎的气势啊。小花被吓得抱着头趴在地上。

猫五是一只很有意思的猫。

没想到的是，我们得原路返回，御花园在北门正对。

就这么一会儿工夫，天色已经变白，远处大殿的上方露出金光。太阳快出来了，新的一天又要开始了。眼前的御花园，生机一片。东西两边，对称而立的亭子精巧华丽，各色树木掩映其中，鸟鸣声此起彼伏。

我在西南角找到了那片玉兰树。有四五十棵，挺拔秀丽。有的玉兰花开得正盛，也有的仅仅顶出缝隙的花苞。有白色的、粉色的、红色的，已盛开的花独占枝头，摇曳生姿，宛如蝴蝶飞舞环绕。真美！

我走到树下，踩着地上散落的花瓣，放下老K。我摆正他的身体。你安息吧，我按你的遗嘱送你回来了。猫五和小花各守在一侧。

我将皮套金牌整理好，正正地放在他的头旁。我贴近他的脸庞，一点一点舔顺他的毛发。这是我能够更深刻地记住他的最后机会。

老K安详地躺着，像是睡在花海的国王。这一生，你骄傲地活着；这一刻，你也是骄傲地离开。你看吧，玉兰花把最迷醉的芬芳奉献给了你。

猫五说要去找点吃的，走了。小花害怕猫五，但吃的欲望战胜了那么一点惧意，便和猫五一起离开了。

我要守在这里，等有人发现，并能妥善掩埋了老K。我跳上很近的一个亭子顶上，目不转睛地看着他。一结束，我就会离开这里。

太阳升起来了，阳光照得我身上有点暖意。

很快有工作人员在院子里巡视，是一个年轻人和一个带着眼镜的老年人。他们发现了身上已覆盖花瓣的老K。

“王师傅，你看，回来一只老猫，还是皮套金牌。”年轻人碰了一下老K，似在确认。

那老人蹲下，捡起金牌，端详了一会儿，又拿出手帕仔细擦拭，才说道：“是他。没想到，他还活着，又回来了。”

“是谁？”

“你看，这个牌子的编号，第一行2001，是年份，第二行0301，是颁发的日期。你知道谁才有资格得到皮套金牌吗？”

“这我听李哥说过，有两种情况，一种是为故宫做过突出贡献的猫，另一种是活着超过十八岁的猫。对了，不是也给钢王发了一个牌子吗？”

“不过，钢王才八岁，他是沾了血统的光。”

“不是因为他在院里对老鼠的威慑很大吗？”

“只是原因之一。”

“钢王有野生猞猁的血统，是俄罗斯大使送来的。当然，故宫的鼠患因为有他也大大降低了。”

“有不少猫得过金牌吧？”

“到现在也就有九只猫，2000 年以后，除了这只猫和钢王，还有一只今年十九岁的波斯猫。”

“是这样啊。看来这个传统可以编撰成故宫史的一部分。”

“是啊，说不定哪个不自量力的人还会写本书。”

“哈哈，王师傅，我的梦想是当作家，但总还要吃饭啊，不能干坐着等死，是不？对了，这片玉兰树是谁栽的？”

“这个传统有四十年了，玉兰树是老院长种的。这里埋的是需要故宫纪念的优秀的猫，那些平凡的不会埋在这里。当然，很多猫去世后都会来到这里，有的是自己坚持走来的，有的是被送回来的。这是新中国的传统，据说历史上也有类似的传统，被埋在十八棵松了。”

“啊，说说十八棵松的故事。”

“远了啊。说这只猫，叫老 K，应该有二十多岁，我年轻的时候，他就在了。当然，这个牌子是因为十六年前他立过一次大功。那年，景阳宫一间房里发生了火灾，他发现并及时将值班人员叫起，才避免了更大损失。”

“1985 年发生过一次大火，是雷击的。那一年是因为啥？”

“哈哈，年轻人就是好奇心重。我也不知道，调查结果没有宣布。后来，老 K 就失踪了。没想到啊，落叶归根。也许，他根本没走远。”

“嗯。有可能。王师傅，我去找工具啊。”

……

我静静听着。有老 K 的故事，有故宫猫的传奇，这沉甸甸的历史感，让我作为一只猫的自豪感油然而生。老 K 啊老 K，为什么你的一切我知道得那么少？为什么你什么都不说？

那个年轻人找来两把铁锹，按照王师傅的指示，在一棵玉兰树下挖了一个很深的坑。王师傅拿着老K的金牌，小心地将老K放入坑中，慢慢盖上泥土。

没有修出坟头，而是被踩平。不久，雨季过后，这里会长出一片青草。

李师傅把牌子系在树杈上。我这才发现，有几棵玉兰树上挂着铜牌，在微风之中摆动。

老K得偿所愿，在这里长眠。与他的前辈一起，守着这个古老的宫城。这里，也许早就成了故宫猫的圣地。

我依旧趴在亭子顶上，等猫五和小花回来，等我的心情从这花香中清醒，我会离开这里。我是一只流浪猫，流浪是我的生活。

这个时间，故宫门口应该排起了长队，人们会怀着各种各样的心情走进这里。但没有人会记住这只老猫，也希望没有人来打扰他。

春风缥缈，甜腻的花香吹进我的鼻孔。我内心一颤，站起来，望向玉兰树，望向林间一条曲折迂回的石子小路。

是她，就是她，那只叫双儿的白猫，有着一蓝一黄双瞳的白猫，我已经深深印在心里称之为公主的白猫。她白尾轻摇，款款走来，一身毛发随风起舞。

她走在铺满玉兰花的路上，犹如一枝盛开的玉兰。

# 9 留下来应聘

也许，春风吹弹花瓣发出了美妙的乐声，我没有听到；也许，柳叶撞击阳光激起了绚丽的光芒，我没有看到；也许，花蕊和着鸟语酝酿了醉人的芬芳，我没有闻到。

我只感觉到，你来了。

我轻轻踩住一朵悠然落下的花瓣，不沾染一丝惹人的尘土，想要用尽一生的岁月，只等一次灿烂的回眸。回眸，是前生的等待。在这不可错过的今天，你必须转身。

双儿低头不动，我凝视不语，一起静立在花树之间。

我的脸皮毕竟磨砺过无数的嘲讽和蔑视，比一般的猫厚些，所以主动上前一步。就这一步，仿佛扰乱了此地的磁极，双儿尾巴一摆，我也一摆。

比玉兰花还美的笑容，“是你。就知道是你。你怎么会在这里？”双儿低声“喵”语。

“知道是我，为什么还问我会在这里？”无赖式的回答让我的笑容更傻。

双儿不说话，缓缓走到埋着老 K 的那棵树下。

“我来送归。”我挨近双儿，“他是我的导师，我的父亲，我一生的朋友。”

“嗯，听雪梨阿姨说过，这里埋着我们的前辈，猫界的大师。既然你来送归，你肯定很了不起。”

“你是说去西点店偷窃未遂吗？”

“哈哈。”双儿笑着，“你的口才不是证明吗？”

“是的。但你的口才要比老K厉害。”

“哦，这位前辈叫老K。”双儿放弃了斗嘴的乐趣，转移话题，“我叫无双。你呢？”

原来双儿只是昵称。“双儿不是你的真名吗？还是真名比较好听。我叫德弟。”

无双低头，似在记住我的名字。

“我该走了。”无双豁然转身，面对我，快速离开，“再见。”

一定会再见的。望着无双远去的身影，我才清醒过来。忘了问她住在哪里，有没有男朋友，是否介意和我做朋友？

“女神啊！”一个冷峻的声音响在耳边。

我吓了一跳。猫五不知道什么时候回来了，瞳孔聚焦，嘴巴微张，一条煎鱼掉在脚下。后面的小花津津有味地啃着一小段玉米。

“喂。很了不起啊，竟然抢到了一条煎鱼。”我试图打断猫五的痴呆。

“心里面别有什么想法，这条绝对是抢来的。给你的。”猫五依旧眼睛直直的，“嘿嘿，我发起怒来，猫也害怕。”

“那——”

“我看我的女神去了。”不等我继续说话，猫五晃晃悠悠疾驰走开。

我很快将一条鱼吃完，用尾巴敲打一下小花，“走吧，我们也去看看。”

小花愣住，意思是：不是说好回去吗？

我笑着说：“再考虑一下。”

没有了老K的负担，我彻底自由了。这次没有走门，而是直接从红墙跳过去。害得小花只得显露出压箱底的本事，爬树，上墙，然后紧紧跟住我。

无双的味道像是一根无尽的丝线，拉着我去找她。

我穿过一段距离很长但不是很狭窄的甬道。两旁红墙高立，裁出一条玉一般的蓝天。我肃然有一种横贯沧桑的历史感，好像觉得自己走到这尽头，就会变得老态龙钟。诗意未止，人群涌入，开园了。

我走过一座汉白玉的石桥，看见一座宫殿的檐下挂着匾额，写着“斋宫”。“宫”，我当然认识，“故宫”的“宫”；“斋”字也认识，因为老K曾给自己起过一个奇怪的名字，叫“斋猫”，只是很少有猫知道。

我确认就是这里。宫殿四周的红墙上蹲满了猫。猫五也在这里。他光秃秃的臀部明显地暴露出他的位置。这是什么情况？女神的力量如此伟大。

我再没有照顾小花的耐心，一跃而上，在猫五的身边挤出一个缝隙。

“干什么，干什么，要是把我挤下去，小心要你好看！”猫五旁边是有暗褐色和淡黄色大块斑纹的猫，面部很特殊，上深下浅中间一道白，好像带了一个“V”字面具。

我忙表示歉意，但远没有猫五吓猫的本事。猫五一瞪眼，那只猫立刻闭嘴。

院子里站满了人，应该不是游客，正忙碌着进进出出。还有许多柜台、展牌、脚手架凌乱地摆在一起，时不时有人搬来搬去。当然，猫们的视线不会浪费在这些无聊的东西上。

正殿檐下的平台上，放着两把藤椅。双儿微闭双眼，慵懒地躺在一把椅子上。另一把椅子则悠闲地坐着他的主人，我在西点店见过的那个中年人——程先生。

人声嘈杂，我听出大概的内容。原来，将要在这里举行一个宫廷精品展览，是故宫和一个私人藏家联合搞的，还有三天正式开始，约要举行两个月的时间。

猫们的嘴也没闲着。

……

“哇，好漂亮的女神，真美啊！”

“无聊，待了这么长时间才知道。”

“我只是想知道她的名字，有没有做宫猫的想法？”

“你太俗气，问人家名字干什么，多好的名字也会侮辱她。”

“不会，我知道了名字，会把名字刻在我的身上。”

“那更是侮辱。”

“你敢……”

“你要是敢，我……”

……

唉，这是猫吗？真不要猫脸！这样的议论每一句、每一个字都是对双儿的侮辱。无双，那是唯一的女神。

“啊——有老鼠。”一个带眼镜的女人尖叫着，从大殿一旁的小房子里跑出来。

墙上的猫一下子跳下来一半，纷纷扑向那房子。每只猫都知道，危难之时，方显英雄本色。我当然也想，只是被旁边那个“V”字脸猫挡了一下，差点掉到墙的后面。我站稳身子，发现院子里已经没有我站的地方了。

有一只猫速度很快，影子一样当先冲进去，很快就出来了，嘴里叼着一只老鼠。我才看清，他身上披着银蓝色光泽的短毛，身材修长，步子轻盈，尽显高贵的气度。

“他就是钢王吗？”我问猫五。说实话，我从心底佩服这只猫的速度。

“风头让他抢了，风头让他抢了。哦，什么。啊，他不是钢王。”猫五眼神直直地望着无双。

猫五叹气，四下一看，“没来。罗汉也没来，雪鞋来了。”猫五忽然意识到他说得很不明白，连忙补充：“罗汉是钢王的军师，雪鞋和那蓝猫是钢王的手下。对了，蓝猫叫贵族，是钢王最得力的杀手。”

不但是杀手，还是魔术手。叫贵族的蓝猫，得意地将还未死去的老鼠玩弄在手掌之间。

“哪个是雪鞋？”

猫五一噘嘴，指向我旁边。原来是“V”字面具脸。我仔细一看，发现他的四肢上都有一段白色的条纹，像是穿了四只雪地鞋。

正当大家怀着各种心态看着贵族表演时，那个带眼镜的女人，指着小房间，吱吱呜呜说道：“里面——还有蟑螂。”并

脱下一只鞋，向大家展示。鞋底上果然粘着好些蟑螂。

猫们都看到了，有的开始后退，有的跳上墙头，继续观望。贵族见来了新问题，毫不犹豫咬断老鼠的喉咙，然后叼着消失在猫群中。

我脑袋里还没有产生任何念头，挨着我的雪鞋已将我推下墙头。我连忙调整姿势，尽量不难看地落在院子里。无双睁开眼，别有深意地看着我。我发现，自己很突出地站在所有猫的前面。

好尴尬啊。尴尬的境地都是突然的，但同样也是机遇，你想不到，别人更想不到。所有的猫都想不到，我曾经以蟑螂为食。我走进小房间，没有必要装腔作势，低下头用自己长有小刺的舌头舔食地面上、破柜子下面的蟑螂。

我吃光所有蟑螂出来的时候，看到的是无双难以捉摸的笑容，和猫们难以相信的表情。猫五笑着。雪鞋也上前，问我的名字。我告诉了他。

没想到，他哈哈大笑，“德弟，德弟，你真的是德弟。”他的发音似乎带有一种奇怪的口音。跟着，听懂的、听不懂的猫也跟着大笑。猫五低声说道：“我没好意思跟你说，德弟的发音有点像外国话，很脏的意思。”

我有这个思想准备，笑着。面对嘲笑，一定要用微笑回击。心里却想，这个猫五怎么不早说，也怪自己，以前就觉得自己的名字有问题，没有考证清楚。

有一个人走过来，是御花园见到的王师傅。他摸了下我的头，笑着说道：“不错，不错，故宫真是缺你这样能吃蟑螂的猫。”

我看了一眼无双，“喵”了几声，“我想应聘。”当然，王师傅听不懂猫话。

# 10 规矩

这次观摩活动的唯一意义，再次证明宫猫对于保护宫殿的热爱和能力。至少在场的人是这样认为的。对于我而言，嘲笑不过是一个施舍者的冷眼，伤害不到我的胃和心。自尊，是自己尊重自己，和这些不尊重我的猫无关。

王师傅驱赶了所有的猫，包括我。大家带着遗憾离开时，我却得到了一份惊喜，王师傅将一个红绳银牌套在我的脖子上，编号是：20150419。质地是不锈钢的，牌子明显是一个旧牌子，编号不是我今天入职的时间。无妨，我在乎的又不是这个。我只是好奇，这个牌子是谁的？

我既然已经是一只宫猫，凑巧也好，无意也好，注定故宫成为我自由出入的地方。猫们从我的身边走过，在我故作淡定却略激动的眼神回馈下，那些沾满猫毛的嘲讽似乎更浓了，空气中仿佛弥漫着“傻猫”这两个字。

小花有点拘谨，似乎不太适应这个较大的场面。见我坚持留了下来，也没有激动或者不满，只是很陶醉地咀嚼着口中的几粒玉米。

“你是从煤堆里爬出来的吗？”猫五板着脸，低声说道：“的确，你是第一个敢吃蟑螂的猫，也是第一个与管理员见了一面就授牌的猫。但是，唉……”

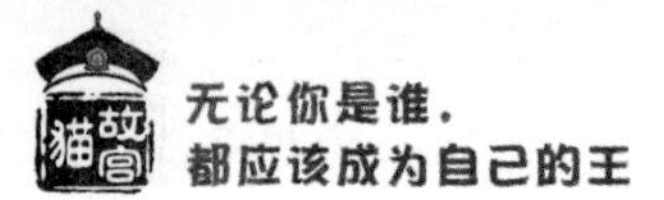



霉运？嘿嘿，我什么时候好运过？从出生到现在。“五哥，别，没事。哈哈，你就告诉我，这牌子是谁的。”

“那只猫叫长水，前天挠伤了医务室的工作人员，被送到了流浪猫收容所，是很不讲规矩的那种，我住过的那种地方。”猫五的毛发炸动不已。

“宫里有规矩，凡是坏了规矩的，都要被人抛弃，被所有猫唾弃，是叛徒，是渣猫。从没有猫带过去的牌子。而你这样，又是那种猫的牌子，便会与霉运纠缠的。”

我不怕霉运，而是怕欺骗。人，有必要欺骗一只猫吗？也许，这种做法在人中不算欺骗。“我有霉运的话，你怕吗？”

“我们好像是朋友吧，说实话……”猫五装作犹豫难定的样子，忽而嘴角一咧，“不怕。哈哈，要是怕的话，霉运会把尾巴还给我吗？”

“我们是朋友。”

“嗯，朋友。走，带你熟悉一下你即将为之奋斗的故宫，顺便给你讲讲作为宫猫的规矩。”

我虚心地做好准备。规矩很重要，遵守不是目标，适应才是根本，这是生存最佳的途径。本以为会有一套极其复杂的条文，猫五却只说了两点：一是听故宫管理人员的话；二是听宫猫头领钢王的话。都是听话，绝对的听话。

好像有点难。至今，我从没听过谁的话，谁也没好好和我说过话。即使面对老K，我也没做到百分百地听他的话。况且，他有许多话没告诉过我。

这哪里是两个规矩，分明是两个框框。大框套小框，会越来越紧，勒死；框框对框框，相交的集合一小，卡死。唉，现在既然套上了，那就试试吧。

猫五没有带我逛遍紫禁城，连曲线都没走，直接把我领到办公区，进了一处很小的院子。一进门，扑面而来，一股子猫味。院子里的石凳、石桌、平台、窗台、树上、墙上全是猫，蹲着，躺着，趴着，完全没有了在“斋宫”的那种状态。

“小子，你就是德弟？”这句近乎傲慢的问话，夹杂着不远处的几声笑。

一只猫踱步过来。全身很短的灰毛，双耳上有深褐色的绒边，尤其是双眼到鼻端，也有一抹深褐色的斑纹。很像我在街上恍惚见过的一只小狗。

“小子，别用这样的眼神。你这样的猫，满大街都是，一只狸花猫而已。我是一只暹罗猫。”他可能是因为短毛猫的血统，所以身材比我还单薄，但看他眼角的纹路，稀疏的牙齿和松弛的肌肉，应该只比老 K 小一点。

“我叫罗汉。”原来是钢王的军师。罗汉半闭着眼，高深莫测的样子，“不管你以前，只说你现在。既然进了宫，就要知道这里的规矩。听好了，必须按照这个做，否则，哼。”

“第一条，必须遵守管理员的工作要求。

第二条，必须服从钢王和我的任何命令。

第三条，晚上必须守在你的分区。

第四条，白天必须待在这里。

第五条，有事外出必须请假。

第六条，必须准时排队进食。

……”

我彻底蒙了。一共二十条啊！是猫五告诉我的十倍啊，包括了走路、睡觉甚至撒尿的要求。天啊，这和把戒指套在我的脖子上有啥区别。

“小子，听懂了吗？”

我点点头。头好沉啊。

“好吧。稍后，猫五会领你去你的责任区。”罗汉缓缓转身，大声喊道：“刚才都谁请假了？”

院子里的猫站起来一片。没等罗汉发布什么指示，都乖乖地跳上墙根下一条细细的长杆，依次站好。

“哼！难道忘了宫猫守则补充条例第三十七条——请假理由必须正当的规定？都说谎。站到吃午饭，掉下来的，等到吃晚饭吧。”说着，直接进了房间。

老K啊，怎么还有补充条例啊？我有点沮丧，无奈地望着在横杆上晃动不止的猫五。

等到吃午饭的时间，猫五幸运地坚持下来，嘟囔着，“还好，先回来了，要不然，明天的饭都吃不上了。”

我没有埋怨猫五的意思，随口说道：“难道不让吃游客的零食？”

“那是补充条例第四十八条。”

我无语了。

午饭很简单，一只猫一碟猫粮。水是集体饮用的大盆，有怪味，像是加了什么药物。大家很有秩序，没有喧哗声，没有翘尾巴。我没有见到贵族和雪鞋，还有传说中的钢王。

吃完饭，该休息的休息，猫五则要陪我出公差。

出了门往东走，猫五摇头叹气，“你的责任区跟我相临。”

“好啊。”新手上路，兴奋还是有一点的。

“好什么？霉运来了。那里从来没有负责的猫，因为那里是冷宫。”

“什么冷宫？很冷吗？这都春天了。”

“土老帽。那里是一个妃子投井的地方，有冤魂啊，很恐怖的。”

“妃子是一只猫吗？”

“是人。”

“我是猫，为什么要怕一个死去的人？你怕吧。”

“我？怎么可能？我的本事是啥，你不是不知道。我吓死她。”

……

猫五领着我先进了他负责的御花园，上了东侧被他称为符望阁的地方，走过一段回廊，进了一个小院，便看见了一座二层楼阁。里面的游客不少，从一路走来的客流量来看，这里应该超过平均数了。

“哪里有你说的那么可怕，人都不怕？”

“可你是晚上待着啊！他们白天都是来看那口井的。”

“有宝贝？”

“好奇。”

“什么跟什么？人都怕鬼魂，又来看这个热闹，多么矛盾。”

“这就是人。”

“我也好奇了。”

“不行。”

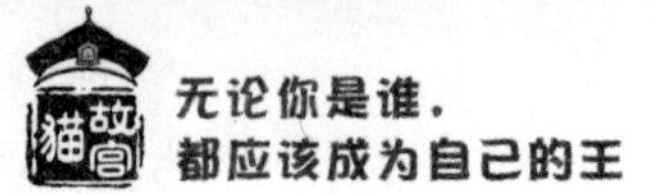


“为什么？”

“好奇害死猫。”

……

我终于发现猫五的最大优点，喜欢说，喜欢跟我说。这点比老K强。聊天的乐趣不在于说教，而在于喜欢说和喜欢听。

我们上了二层。工作人员看到我们脖子上的牌子，没有拦截。这是我第一次有了宫猫的自豪感。

西边是猫五责任区的全景，里面的布局我在昨日已经熟悉。再往西，越过一排整齐的房子，就是御花园。不错，每天能看到老K长眠的地方。只是不见盛开的玉兰花。无双，你在干什么呢？

往东看，出了故宫。红墙之外，有古色古香的四合院，也有一片现代化的高楼，总之与历史的距离越来越远了。这个我不是很喜欢的城市，还是有一些我喜欢的东西的。

“小花为什么不跟来？我找不到他。”

“嘻嘻，罗汉留下了。说是喜欢小花的艺术气质。”

“杂耍吗？如果是这，倒真有。”

“哈哈，你就是有趣，比所有的宫猫都有趣。”

“希望是。这样能帮助你消化，多笑笑有助消化。对了，今天晚上吃什么？”

“不回去吃了？我们自己处理。”

“这不符合宫猫守则吧。”

“守则补充条例，最后一条，在钢王和罗汉的同意下，可以灵活处置。”

“啊——”

# 11 很纳闷的见面

我开始了有规律的生活。四个地方，一个圆圈，按照顺序，一天一次，从未误过。晚上上岗，白天点名，御花园里看看花，路过斋宫看看她，实在无聊逗弄一下投在罗汉门下的小花。

生活因为陌生，所以觉得有趣。有趣是很美好的希望和憧憬吧。因此，原谅小花的改弦易张，原谅无双的失踪不见，既是自我慰藉，又是真诚的祝愿。活着，其实是记忆的储存，越多越丰富，才证明自己活得更长。

当然，我有时也很讨厌自己的虚伪，什么都装作无所谓的样子。其实，我常在一个没猫的角落自言自语，都是讽刺小花、想念无双、回忆老 K 的话。不好的情绪发泄出来，该忘的很快就忘了。

只有一点难以摆脱，连续几天见不到无双，浑身不自在。每一次经过斋宫，都成了侥幸的猜谜游戏。今天是展览开幕的日子，我请假肚子疼跑出管理处，来到斋宫。无双依然没有出席，我扭头就走。

我实在不想回到死气沉沉的管理处，便经过管理处门口绕到后院，熬时间，等晚饭。

我正无聊地用爪子为地上的蚂蚁划开千沟万壑。蚂蚁啊蚂蚁，你坚持住，我的无聊可是你的勇敢啊。

忽然，脑后生风，感觉有一团事物飞扑过来。

出于本能，我前肢按住地面，后肢弹起，身子一折，便翻了个跟头——很难看但很灵活的跟头。躲开这一击，我后肢已经蹬住不高的墙基，竖起尾巴，浑身蓄力。

是雪鞋。他正一脸坏笑，抖动着尾巴，在我刚才蹲坐的地方来回转圈。“嘿，又脏又臭的小子，不错啊，竟然能躲开。来，再试一下。”

我平静地说道：“如果你真的无聊，我建议你学学我，和蚂蚁做做游戏，是件很有意思的事情。”我并没有放松警惕。因为，那只叫贵族的蓝猫在一边凝视着我。

贵族比雪鞋可怕。我见过他出招，当时虽然是游戏的心态，但丝毫掩藏不住他本身的实力。他现在有压阵的嫌疑，目光如同无形的绳索，妄图套住我的身形。

连眨眼的机会都没有给我，贵族的气势快速提升，让我有了极其难受的窒息感。哦，不是贵族，是他身后的某种力量。我的尾巴抵住墙面，背脊上毛发像钢针一样竖起。我遇到了街头斗殴历史以来最强大的敌人。

一只猫从贵族身后走过来。他身材粗壮，体重可能超过我两倍。四肢较长，高度接近我的脊背。耳尖有一撮黑色簇毛，如武将头盔的花翎。两颊有三列纵纹，赛过英武的脸谱。四肢前面、外侧是突出的斑点，显露出猎豹一样的杀气。

一定是钢王。传说中的钢王站在我的面前，那天晚上站在城头上的高大的猫也揭开了面纱。我很激动，这是对英雄的敬重和崇拜。但这个时间、这个地点和刚才毫无征兆的前奏，说明可能有不好的事情要发生。

钢王走近我，很放松地蹲下后肢。我由于蓄力，头的姿势很低，像极了膜拜君王的一个臣子。也许对方会误会我的品行。示弱，让对方大意，往往是胜利的开端。此时此刻能一举两得的误会，对我是有利的。

“你就是德弟。”语速慢而威严。旁边发出雪鞋的坏笑声。

我说是的。他肯定是一个不喜欢听废话的猫，而我恰好也是一个不喜欢说废话的猫。

钢王瞳孔紧缩，死死地看着我，一字一顿地说道：“我不喜欢你。”

为什么？我想问。话却无法出口，一股杀气紧紧裹住我的口鼻。

钢王身子未动，右前肢挥去，像大扫把横扫我的脑袋。

我本能地伸出左臂，砰然受力。力气好大啊。我不得不就势一滚，化去一部分，又借用一部分，爬上旁边一棵古松，占尽高高的地势，转身下落，利用身子的重力，狠狠地压下去。

刚才，钢王留了余地。他将利爪隐在肉脚趾中，否则我必伤无疑。不管他为什么手下留情，尊敬对手是我的原则，即使面对雪鞋一样的无赖，我得到一只老鼠，就要还对方两只。所以我也藏起利爪攻击。

钢王出奇冷静，面对我的气势，还像一棵苍松一样孤寂地站着。待我快要近身时，他才一跃而起，扑向对面的墙壁。墙壁是垂直的。他似乎能黏住墙壁，超出我爬树的高度许多，然后用与我一样的招式落下。

高下立判。我知道，这样的话，我一落地，他也会死死地压

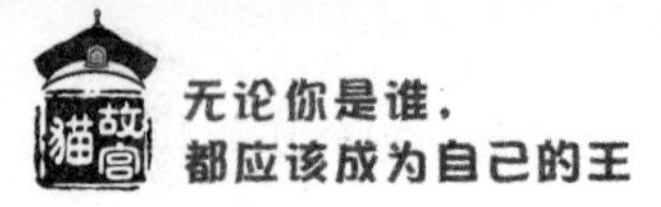


在我身上。我庆幸身子小，灵活一些，落地之前，已经扭转身子，与他面对面。看到对方攻击，寻找一丝战机，还有扭转的机会。

钢王的速度很快，我脊背还未着地，他的手掌已经击中了我的腹部。我早已做好腹部受他一击的准备。很疼，内脏仿佛移位。就在那一刻，我已经咬住了他脖子上的皮套金牌。同时，四肢缠住他的腰身，企图爬上他的脊背。

我没有低估钢王，而是已经把我的战力提升到了极致。钢王脖颈用力，我被甩到他的前面。我死死咬住皮套。只要不脱落，我就还有机会。

没想到的是，钢王又一甩，将我狠狠砸在地上，已消化的午饭都快飞出来。也许，我在他眼中，和大一点的老鼠没有区别。我只能松了口。谁知道还没完，钢王一转身，后肢飞去，将我踢起。

我撞在墙上，和一摊烂泥无异。身上每一块经历街头无数乱战的骨头，都快支撑不住了，像要从身子里窜出来一般。我咬着牙，站起来，靠在墙上，尽量保持着防守的姿势。

钢王微微喘气，没有回头，低声说道："虽然你的战斗力超过我的意料，但我依然不喜欢你。"

老天啊，你过来跟我打一架，就是为了很明白地告诉我这句话吗？钢王，你这样说话，比雪鞋的口气更让我郁闷，莫名其妙加乱七八糟的郁闷。

我还有力气防守，但已经没有力气用嘴回击了，只能看着钢王一步一步地离开。走在最后的贵族，留下了一点敬佩的眼神——没有任何疗伤价值的眼神。

今天真不是一个好日子。

我一个人躺在墙基下，休息了好长时间，才恢复过来。吃饭的时间到了，我几乎是连滚带爬，进了管理处的院子。第一眼，看到的是贵族，他眼角的笑意真诚了许多。我想，他可能将刚才的事情宣传开了。

猫五过来靠住我，兴奋地蹭动着我的毛发。我没有了联想的心情，正好借助他的支撑继续调整。大多数猫的眼神都变了，敬佩和羡慕洋溢着这个院子。也有特殊的，比如雪鞋，嘴角微撇，典型的羡慕妒忌恨。我刚才低落的心情现在好多了。

“了不起，古往今来的了不起。”猫五兴高采烈，低声说道。

“输了也了不起？还是，只有我敢？”

“你不知道的。这里的猫，除了贵族，没有谁能挡住钢王的一招，而你是三招啊。”

“真的吗？”

“条例明令禁止宫猫之间的斗殴，实际上私底下早就斗遍，分出了高下。”

“地位高下吧。罗汉不低，他是智者，难道也是强者？”

“以前是，现在老了。据说十几年前，铁定前三的。”

“哦，规矩看来也不是死的。”

“当然，对于杰出的猫，实力才是规矩。实力上你应该比雪鞋强，和贵族差不多。按照宫里的传统，你不是榜眼，也是探花。”

“榜眼是什么眼，探花又是什么花？难道，宫廷的名词不用解释，只需要我们去猜？”

“什么意思？”

“我不懂，为什么会发生这件事，我现在还搞不清楚呢？”

猫五四下张望，指着我脖子上的牌子，没有直接回答，“吃饭，吃饭，以后说。”

一份猫食推到我面前，还有一双调皮的花栗鼠的小爪子。

“小花，啊呀，想死你了。”我用头轻轻触动小花的脑袋。

小花对我的亲热反应强烈，几乎整个身体的毛发都竖起来。

“你是恭喜我啊，谢谢。哦，你也不用道歉，没什么的。作为朋友，就应该尊重对方的选择。其实，宫猫比流浪猫更接近理想的生活，虽然规矩多了几倍，但也安逸了许多。你别介意，我现在也是一只宫猫啊。我只有一个希望，你要过得开心，至少要比我开心。”

小花听出了我的一点伤感，心情似乎低落下来。我拂过尾巴，安慰了他一下。生存出于本能，快乐出于本心。我的本心似乎在故宫迷了路，需要慢慢梳理。不管怎样，我还是比较喜欢小花的呆傻可爱。

下午，我离开了宫猫管理处。我有一个街头混战积累的经验，像今天这样的肌肉酸肿，就要不断地缓步行走，进行自我按摩。离开时，罗汉没有追问。果然，实力就是规矩。

# 12 爱的魔咒

我奔向御花园的方向。

我确实很喜欢那片玉兰树。老 K 是一个寄托，更重要的是，许多杰出的前辈埋在这里，我能在淡淡的花香中，体会到每一朵盛开的花都藏着一个高洁的灵魂，与他们对话，即使是猜，也能清醒地发现清晰的自己。

今天要想的事情太多。

钢王不可能无缘无故地攻击我。无缘无故地攻击可以是雪鞋的做派，但绝不是一个王者的风度。猫五的暗示，也能猜到一些。钢王可能与我牌子的上一个主人长水有着深厚的感情，是朋友或者兄弟。有可能，极少露面的钢王，这几天一直在找长水。

换位思考一下，如果是我，也无法接受一个替代品的。钢王和长水之间感情好到什么程度，钢王这几天又有怎样的经历，我无法猜测。可以断定的是，钢王正沉浸在无尽的烦恼之中。所以，我的存在是一根针，时刻在刺激着他。

其实，钢王还传递了一个信息。我并不是因为被收留，或者像他一样赠送进来，注定故宫是他们唯一的家。我没有家，哪里也都可以是家，自己决定自己的去留，是自由的一只猫。他怀疑我对故宫的认同感和归属感。

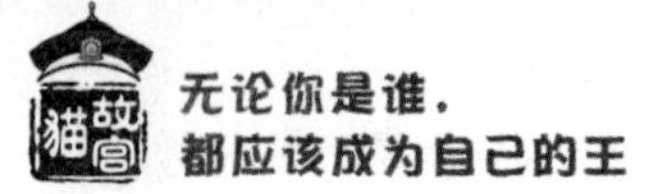


的确，直到现在，我还未彻底确认自己就是一只宫猫。那些名目繁多的条例，没有给我造成太大的压力。从心里，我对此蔑视，甚至不值一提。罗汉的惩罚，雪鞋的挑衅，在我的眼里都是一场游戏，有趣，好玩。反之，对方可能认为：我要么会抵触这些，做个刺头；要么会改变这些，做个王者。

我没有野心，也没有那么无聊。这几天，我只是在想：我要不要离开这里？为什么离开，为什么不离开？简单的猫，是不是快乐的猫？没有答案，只有无双甜美的脸庞不断地浮现在我眼前。

现在，真实的眼前是游客的一双双腿。头疼啊，思考果然不是我最擅长的事情。也许，小帅的脑袋就是这样烧坏的。快走几步，到玉兰树下面，也许老 K 和那些前辈会给一些灵感和启示。

御花园今日关闭，可能在维修什么设施。我从红墙跳进去。离玉兰树近一些，花香已冲进我的鼻腔。

我看见花瓣飘零的树下，一只猫凭风而立。我不忍靠前，停了下来，远远看着。我惊讶于那只猫的优雅、高贵。

她的毛发是醇厚的玳瑁色，洋溢着彩云一样的光泽。五官精巧，体态婀娜，尤其是被毛茂盛，犹如披着华贵的裘皮披肩，略显浑圆的身体散发着无比的雍容。她像是花间小憩的王后。

我看到的只是一个侧面。这侧面竟是绝代的风华，宛如定格在照片里最静谧的美。这美丽似乎经历了岁月的洗练和光阴的打磨，厚重而又柔和，透着让你不得不尊敬、不得不爱戴的温热的亲切。

她在埋葬老 K 的那棵树下，一动不动，让整个画面带着一

丝哀伤。她注意到了我，眼神略微看过来。她是谁？难道她是老 K 用魔咒挂念一生的她？她和老 K 又有怎样的过往？

我替老 K 感到遗憾，替这只高贵优雅的猫感到遗憾，郁闷的心情不由得爬上我的脑门。我是不是应该打个招呼？我犹豫着。那只猫缓缓低下头，闭上眼，深深嗅着泥土的味道，不，那是老 K 的味道。

我希望她转身，然后，我会用最绅士的步子走近她，向她施礼，向她表示敬意。她没有给我这个机会，轻摇尾巴，缓缓离开，没有再看我一眼。

有点小失落，不是因为冷落，而是觉得与老 K 的另一面记忆失之交臂，有点遗憾。我走近那棵玉兰树，抬头看去，看见老 K 的金牌在风中摇摆、旋转。

低头看时，才发现树下有一排规则的小坑，有爪子大小，不深，仅能容纳一个乒乓球。这些小坑的排列是这样的：

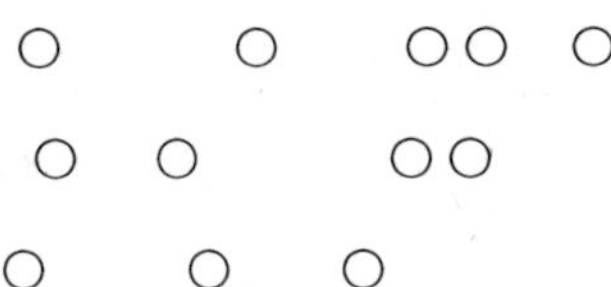

如果不是刚才见到那只猫曾在这里，我真怀疑是老 K 从土里爬出来，并抒情地挖下这些坑。这个排列我太熟悉了。老 K 常在地板上画这些点。他曾告诉过我，这些点是爱的魔咒，只可以用在一只猫身上，然后她就会记住你，一生都不会忘记你。

我曾不以为然，并暗自发笑，哪里会有什么符咒、魔法。今天，我知道了答案。这个王后一样的猫肯定曾是老 K 的挚爱。现在来祭奠老 K，也给了老 K 想要的回复。他们到底会是怎样的故事呢？

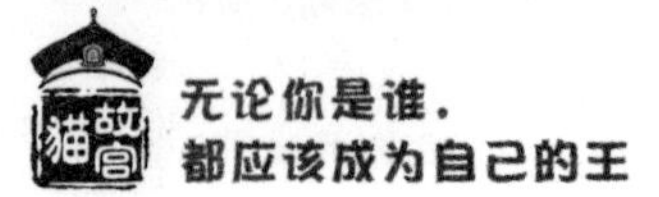


“喵”，一个清脆的声音打断了我。我心头一颤，知道她来了，多日未见的无双出现了。我扭头，看见她正微笑地望着我。原来，明媚的春光还照耀着这座宏伟的宫城。春风很烦恼，吹得无双洁白如雪的被毛翻滚如波。

“你在这里，干吗？”无双闪烁着一蓝一黄的眸子。

我为这双眸子着迷，“等你。”

无双笑着不语。这是对付无赖最好的方法。“咦，这是什么？”她注意到了那些小坑。

我当然不会马上告诉她，伏笔在聊天中也是一大法宝，尤其是吸引对方注意你。只是告诉她，看见一只猫在这里驻足。她听完我的描述，激动地说道：“呀，是雪梨阿姨，她在哪里？”她四处张望。

我说，她走了。无双才安静下来，呆呆地望着那些小坑出神。

“你认识雪梨吗？怎么知道一定是她？”

“那日，我见到雪梨阿姨，便告诉了她老K的事情。”无双平静地回答，“还有你的事情。当时，就觉得有什么不对，但没有问。”

“你那么聪明，没有猜出来？”

“这怎么能猜呢。我和雪梨阿姨并不熟悉，只是我第一次来时，在一个亭子里遇到过她。她那么高贵、优雅，又是只心地善良的猫。”

“为什么叫她阿姨，她很老吗？”

“我问过雪鞋，他告诉我，说雪梨是宫里年龄最大的猫，超过十九岁了，所以去年得到了皮套金牌。”

为什么不问我？这句话，我没说出口。因为我真不知道。

“看不出来，雪梨竟然在宫里待了这么多年。”

“是啊。她说，一直在宫里，怕出去迷了路，也怕找他的人迷了路。”

“这样看来，她知道老K可能会回来找她。”

“对。”无双似乎推动自己进入了一个情境，幽幽地说道：“一只猫，除了等待的信念，还会有什么强大的力量，让她保持着永远的优雅和美丽？”

这个问题我无法接嘴。灵机一动，走过几步，用嘴叼起几个花瓣，分别盖住那几个小坑，然后对无双说道：“送给你。”

“这到底是什么意思？”无双可能猜到，雪梨所挖小坑的含义，老K知道，我肯定也知道。

我笑而不答。

“你是不是受伤了？”无双看着我。

我僵硬的动作难免暴露伤势。我点点头，只说是追老鼠时，由于地形不熟悉，从楼顶上跌下来了。无双关切地嘱咐我一定要小心。我笑着点头。

“我觉得你不是很开心，是不是不喜欢宫里的生活？”无双能看到这一点，倒让我很意外。

“那你喜欢你的宠物生活？”我反问道。

“不喜欢。这几天，主人很忙，就把我关在寓所里。他只有放松或者开心的时候，才会带我出来。但是，我觉得，这不过是我的职业，只要主人不抛弃，我就应该陪着他。”

“我也是这种感受。街头上，我能生存；这里，我也能生存。

我被留在这里，是机遇选择了我。我自然不能厌弃机遇。试一试，是我对未来一直的想法。说实话，我正犹豫，是否坚持继续试一试。”

“你试到你的底线了吗？”

“没有。”

“那就再试一试。”

“好吧。那么，你会选择留在这里吗？虽然你的主人还有很长时间要待在故宫，但也有最后那一天的。”

“我还不知道。”无双的两个眸子盯着我，“现在，我要走了，展览会闭馆的时间要比故宫早些。”

我点点头，“你记住这个排列了吗？”我指着那三行符咒。

无双点点头，不再言语，款款离开，如清风送走的一朵花瓣。

因为无双的建议，我放下了困惑和怀疑。无论钢王的态度，雪鞋的暗算，罗汉的严厉，还有人类的深不可测，我都能置之不顾。只为无双的建议，我决定好好试一试故宫有规则的生活。

既然不用想了，没有了做决定的压力，感觉走在故宫的甬道里和有霓虹的街道上没什么区别。来吧，故宫的风和雨，春天里哪会全是阳光呢？

# 13 新闻事件

接下来的几日，我坚持遵守作息时间，没有违反任何规则和补充条例的规定。不得不承认，我正在摆脱流浪的散漫和自由，当然还有自以为是的潇洒。

猫们的变化也很大，似乎忘记了我擅长吃蟑螂的低劣本事，“德弟”的名字开始变成了“德哥”的称呼。

这几日中，无论是想见的，比如无双、雪梨，还是不想见的，比如钢王、雪鞋，都没有看见。这也不错，我和更多的猫成为了朋友。故宫深厚的底蕴，让猫们的见识也不凡，从与大家的交往中我学到了很多东西。

罗汉认为我的表现通过了试用期，身体已经恢复得差不多了，便让我开始加入宫猫每日的量化考核，定期参加捕鼠大比武。这不是什么难题，基本上每日绝不空爪而回，老鼠的尾巴数量在第四天排到了第一。

当然，钢王、贵族、雪鞋等管理层，以及罗汉、雪梨等退休状态的老猫不参加任何活动。这是猫的资历吧。我不羡慕，反而心情好了起来。特别是评比时，故宫里的大多数猫都到场，那种热烈的场面是不能忘记的。

故宫里大概有一百六十只猫，管理员是王师傅和李师傅。

每次比武的成绩，他们都有记载。听猫五说，钢王就是凭借比武的绝对优势，连续三年夺魁，才被破格授予了皮套金牌，这几年，所有猫的成绩加在一起都没有超过他。

我没有超过钢王的想法。他可能已经把这项工作做到了极致。我只是想，好好地做一只合格的宫猫，当作自己经历的一次挑战。以后，可以和自己的学生、子女说，我曾经是宫猫。

每天下午都没有活动，所以我和罗汉说明，每日下午行走疗伤的习惯要继续。罗汉对此没有任何异议。这一天下午，我穿梭在故宫的各座宫殿里。

下午的游客很少，尤其过往的人流不再那么拥挤。

我进入一处院子，见到零星的几位游客驻足，一个长者正点评一个朝代的历史兴衰。历史本来是精彩的，一旦冗长起来，我就没有了兴趣。再说，听人说话，即使我的外语能力强，也很头疼。

走到院子旁门，看到大殿的东侧外墙角，站着两个奇怪的人。那两个人都是三十多岁，男子个矮精瘦，脖子上挂着很长的链子；女子却是身材丰满，浓妆艳抹。男子聚精会神地鼓捣什么，女子则有点神色紧张，多次回头察看。

凭我对人的了解，这两人不是什么懂规矩的人。他们的神态让我想到了街边的西点店，想到了我和小花那次不太成功的合作。他们到底在干什么？我还是不确定：无耻是无耻者的通行证。人和猫应该有区别吧！

我悄悄走到男子的一侧，挨着他的裤脚，向上看。原来，那个男子正拿着一把指甲刀，在墙上刻字，已经刻下了三个字，应该是他的名字。可能由于位置偏僻，这里不易被管理员发现，

一面青砖墙早已面目全非，全是人们留下的各种记号、留言。从裤脚往上看，的确看不到高尚。

人的文明，有的人可以不在乎；但，这里的文明，猫得在乎。以前从未思考过，宫猫的正义是什么。现在，我至少懂得了，让自己和别的什么都遵守这里的规则，就是正义。按照规则的逻辑，在正义面前退缩了，就是背叛。结论是，我觉得自己有责任提醒这个人，并阻止这件事。

我“喵”了一声。

我想提醒，猫的仰视往往能看到真实。

那女子回头，只看到一只猫，没见到任何人，开始督促那男子快点。

我又“喵”了一声。

那女子再回头，低声骂道：“叫什么叫，你以为你是人，还是能叫来人？多管闲事，滚开。”

我“喵喵”连续叫，声音比刚才大多了。也许，熟悉我们的管理员听到异常的叫声，会赶过来的。

“哎呦，你这死猫，烦人是吧。我去你的。”那男子转过身就是一脚。

前几日挨了猫踢，现在又挨人踢。我躲过了第一脚，第二脚又来了。看得出来，那个人恼怒急了，第二脚踢不上，还会有第三脚、第四脚。

我从来就不是等着挨揍的只会装可怜的猫。等他踢过来，我顺势爬上他的小腿，用爪子勾住裤子。我本来就没有伤人的意思，打算吓唬一番了事。可惜，我没有猫五的本事。男子发

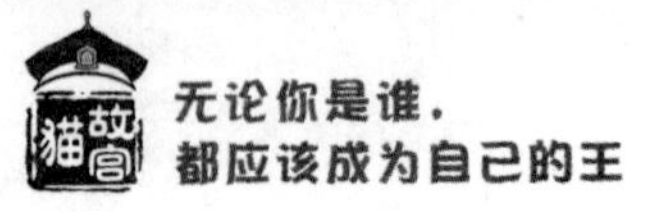


了狠，挥动手中的指甲刀向我划来。

这种情形下，逃跑比进攻危险。所以，我选择抓向他的手。那男子真有一股狠劲，竟然不怕我的利爪，双手舞动，妄图抓住我，撕碎我。

指甲刀应该也算武器吧。补充条例第四十五条规定，遇到手持武器者在故宫从事破坏活动，要及时报告管理员，管理员会按照人类法律对之进行处理。我可能没有报告的时间，还是自己先处理吧。说实话，攻击一只打架无数的流浪猫，和攻击一只得了狂犬病的狗一样危险。

我没病，但我有凶狠的爪子。因此，我从男子双臂的空当中抓住他的衣领，转到他的脖子后面，并左右摆动，防止被他抓住和被那个女人用包砸到。同时，我还给了那个男子一点教训，在他的手上、脸上留下了几道抓痕。

“来人啊，救命啊，猫杀人了。”那个女人见帮不上忙，扯着嗓子大喊。

喊吧，喊吧。这也正是我想要的。

男子“哇哇”怪叫，双手乱抓。我自岿然不动。

管理员急匆匆赶来了，附近的游客也来了，站满了院子。我见此，便松开爪子，站到管理员的身后。

“您好，怎么回事？”管理员的语气很客气。

“您什么您，好什么好。你看看，把我老公给挠成什么样儿了。”那女子叉着腰，指着我，“你们玩忽职守，把野猫放进来，要赔我们损失。”

“这是我们故宫的猫，平时不攻击人，除非你们……”

“什么除非。好啊，是你们养的猫。”那女子拿出手机，对着那男子猛拍，那男子很配合地展示自己的伤口，“这是证据，省得你们抵赖……”

“这是你的吧？”后进来的管理员拿起地上的指甲刀，又指着墙上新刻的字，“你叫吴道德……”

“是又怎么样？”那女子十指如飞，按着手机的键盘，“全国叫吴道德的多了去，怎么就是我们。你等着，我发朋友圈，谴责你们的管理问题和服务态度……”

“等等，我们先把事情说清楚……”管理员上去制止那女子的行为。那女子当然不让，双方拉扯起来。院子里有点乱了。

怎么会这样？那两个人做错了事，而且也有证据，怎么还要推卸呢？管理员为什么怕那人发信息，错的是对方啊。我有点糊涂了。

院子里围观的群众也没闲着，纷纷拿出自己的手机，拍照的，打字的，互相议论的，好不热闹。

“嘿，哥们儿，让一让，你挡着我的镜头了。”

“大哥，把手举起来，对，伤漏出来。”

“哇，你看你看，太快了，才两分钟，就被转了一百次。”

“这下火了。来，大姐，借光，我自拍一个，用他们做背景。”

“还有那只猫，来，宝贝，帅一个。”

“你别开闪光灯行不行？你看，他吓跑了……”

“怎么怨我，明明是你想抱住他。”

……

我的确是吓住了。因为此时此刻，我无法理解所有人的每一句话。难道那夫妻没错，我错了？不能啊，我的确亲眼看到的。前几日和钢王的打斗，脑子没有留下什么后遗症啊。刚才，我基本上按照守则去做的呀。

我想不明白。我想，赶紧溜吧，先回到管理处去。

我回到了管理处，大部分猫在休息，也有几只不听话的猫在站杆儿。我不会也要被罚站杆儿吧？大家对于我的回来，没有任何反应。只有罗汉睁开眼，很快又闭上。

忽然，有三只猫急匆匆跑进来，见我立在院中，犹豫了一下，还是走到猫群中，低声传话。他们可能在现场附近。很快，大家的目光投向我。每只猫的表情都不一样，有惋惜的，有不满的，也有得意的——

管理处的大门被推开，王师傅走进来，见到我，没吱声，抱起我来，进了一间小房间。里面有个铁笼子，是猫的禁闭室。我没想到，自己会受到这样严重的惩罚。

王师傅将我放进笼子，锁死。房子的门还开着，许多猫挤在一起朝里看。

王师傅叹了一口气，指着我说道："你呀你，怎么就不争气啊。对方是错了，不该刻字，这自会有道德和法律约束他们。但你不能伤人啊。你的做法让大家很被动啊。"

我隔着笼子望着他。

"现在，都上新闻了。你呀，也出了名。唉，我知道，这两个人是攻击你了，但你没事啊。即使你有事，受了伤，又能有什么事。受伤了就是弱者，弱者就会被同情。唉，有时候被同情比什么规矩都重要啊。"

我听得心里发凉，一下子蹲坐在笼子里的地上。王师傅见到我的样子，以为我认识到了错误，语气缓了下来。

“好好在里面待着吧。看看事情的发展，只是希望能够私下解决。等平息下来，再与院里的领导讨论你的情况。脖子上的牌子，才给你带几天，就出这个事。真是的。唉！”王师傅扭头走了。

## 14 猫们的心事

我开始了我的禁闭生活。

当天晚上，没有任何一只猫走进来。空旷的房间，封闭的铁笼，没有灯光，没有声响，如冷冰冰的地窖。我的瞳孔印合着紧闭的门。王师傅的话更像是咒语，敲打着我的每一根神经。

猫有猫的规则，人有人的规则，故宫有故宫的规则，规则是死的，但却是活的在遵守。我听得懂人话，却不懂人心。一直以为我希望自己做好的，正是人需要我做的，恰恰相反，人的需要只是维护人的尊严。这也叫尊严？

和无双说过的“试一试”，似乎试到底了。我是一只猫，倔强、任性不是与生俱来的，是学会的，是现实给的。我对于故宫、人类和这里的猫来说，是一个无关紧要的过客，只是这一切何尝不是我一生中的过客？

其实，我应该高兴，毕竟我用自己的经历证明了老K的一句话。老K说，别在乎不值得在乎的，别留恋不值得留恋的。也许，当烦恼过后，结局可能还是烦恼，但毕竟是一个新的烦恼。多试一试新的烦恼，可能不是很烦恼的事。

那个刻字的男子和女子会得到怎样的处理？故宫会为我伤人付出怎样的代价？宫猫的守则会因为这件事做出怎样的修改？我要受到怎样的处罚才能维护管理者的尊严？这些，我都

不在乎了。因为，在第一丝曙光照进笼子里的时候，我有了我的答案。

第二天上午，猫五和小花走进禁闭室。小花咬着一个小塑料杯，里面是半杯猫粮。小花将猫粮倾倒在笼子边上。

隔着笼子，虽然还是一个世界，但却是两种心态。显然，猫五和小花比我更悲观。

“关禁闭的时候，一天只有半顿饭。”猫五靠在笼子的铁杆上，“还有，凡是关了禁闭的猫，没有一个留在宫里。他们都会……”

“去哪里？”该知道的规矩我还需要知道。

“去收容所，可能会有人收养。不过，你的相貌有点难。”

“哈哈，谢谢你，朋友。说真话的朋友，我不会介意。”

“既然这样，我继续。你很有抱负，这和野心不一样。有抱负的，不会安于现状。我喜欢你这个样子，因为我做不到。抱负、理想是我的尾巴，都没了。德弟，我支持你。我知道，你的路会很远，我追不上，但我希望你能带上我的希望。”

“嗯，好的。”猫五说完的时候，我也吃完了地上的猫粮。

猫五看到他的话没有影响我的情绪，瞪着大眼，说道：“我真服了你，你心真大，不会是人心吧？”

“人心如果长在我身上，还会发生今天的事情吗？”我舔着爪子，不屑地说道，“人心不会长在猫身上。”

猫五今天话很多。钢王常常出宫，是为了寻找长水。雪鞋挑战了贵族，再次以失败告终。罗汉老家伙病得不轻，进了医疗室输液。无双在斋宫再次闪亮出现，但是宫里禁止所有的猫白天走出管理处的院子，等等。事很多，却都是别人的。这些话题大多与我无关，猫五一张凶恶的脸配上多变的表情，是为了给我解闷罢了。

小花从笼子外面钻进来，找到我的新伤。那个男子的拳头慌乱之中打中了，庆幸伤处是历来最轻。可爱的小花揉动着伤处。就这样，一天的郁闷冲淡了不少。

第三天上午，钢王用头顶开虚掩的门，面无表情地走进来，“哗啦”后面挤进来一群，可能有一半数量的宫猫。什么情况，不会是批评大会吧？

钢王不说话，盯着我的眼睛。

猫群自动地分开，优雅的身影盖过来。是无双。我说呢，也只有无双才有这种待遇。我即使被钢王骂得猫血淋头，打得猫血四溅，大家也都避之不及，哪里还能前来围观？当然要是一群人进来，我就没信心了。

无双也没有说话。她很平静地望向我，一蓝一黄的眼睛交相辉映。眼神中传递过来的是“你好吗？”我放松身体，摇着尾巴，凝视着她：“我很好。”其他一点多余的表情也没有。

众目睽睽之下，要是有一个过于暧昧的动作或者温柔的话语，那么找我决斗的猫就要络绎不绝了。

无双转身离开。那些倾慕者们如同追随的臣子，在后面紧跟。无双啊无双，你顶着这么大的压力来看我，压力太大了。今天，是我最为激动的一天，因为我见到无双不是因为巧遇。

钢王临走前看了看我被他踢过的地方，只一眼，便将目光收回，然后离开。

下午，罗汉来了。看来气色不错，身上的毛发整齐理顺，像

是被洗过，只是散发着一股难闻的药味。我从躺着变为蹲坐，尊重一位老猫和绅士无关。

罗汉也坐下来，不过前肢匍匐在地上。这应该是一只老猫最舒服的姿势。

“你和老K很像，都有那么一点儿正义感，一点儿可怜无比的责任感。的确，老K拥有了整个故宫里的猫的爱戴，但是他背叛了雪梨，离开了我们，背负着宫猫王者的虚名和一生都无法解脱的愧疚离开了故宫。”

我没想到罗汉说话如此犀利，张嘴想问些什么。

“闭嘴。你用你粗俗的嘴脸去吃那些丑陋的蟑螂，我都为老K害羞。当然，他可能不在乎，但我在乎！一个智者的徒弟如此堕落。你也不要讲什么为生活所逼，现实的残酷可以让我们暂时低头，但不能用堕落去证明无耻。”

“我说的可能不对，至少老K不赞成。说实话，我也不能在所有的猫前重申这一点。当然，我所想的我也没有做。对于我，现在就一个字——熬。熬过我十八岁的生日，我就能获取一枚皮套金牌的资格，然后死去。”

“我错过了许多许多。错过了的东西找回来也变了样子。我可能是雪梨之后第二个靠寿命赢得金牌的。她等一只猫，等到了金牌，是意外。我的熬，是挣扎。别瞧不起我，连老K都没有资格瞧不起我。”

“你有一样，比老K强，没有主人，尤其是没有一个知识渊博、文采飞扬、自命不凡的主人。所以，你只要做好你自己就可以了。那件事做得很好，当然如果是我，我不会做的。现在，你才是一只真正的宫猫。可能你很快就不是了，但现在是。”

罗汉很坚定地说完最后一句，缓缓起身。

我低头思索着罗汉的话，久久不能回过神来。

第四天下午，将近傍晚的时候，雪鞋和贵族一起来了。

贵族笑着看我，没有蔑视，有点赞赏，淡淡说了一句："小子，加油。"

对于雪鞋，我不用看他，也知道他的嘲讽挂满了他的胡须。"嘿，小子，劲头不错，看来再关几天也没问题。"

我选择不回应。面对贵族，说声"谢谢"。

贵族摇头不语。

雪鞋故意挡住我的视线，"小子，别拍马屁，你和贵族差远了。他可是钢王的接班人。你啊，连我的尾巴尖儿也排不上。"

这话有点酸。

"怎么，不服？好啊，我等你出来，咱们大战几百个回合，不，三个回合就将你拿下。哈哈，只是很可惜，从这个笼子里出来，你可能就要进入另外一个笼子了。"

"雪鞋，你别乱说……"贵族插话说道，"王师傅没有摘德弟的牌子呢。再说，这件事和长水的事不一样。"

雪鞋似乎不想反驳贵族的话，转移话题道："臭小子，这回你可名副其实了，几天禁闭，更是一身臭味。"

"是吗？我身上没有味儿啊！"我故意伸着鼻子向他闻去，"什么味儿？"

"臭。"雪鞋大声说着。

我连忙捂住鼻子，"嗯，是这个味儿。"

贵族笑了，雪鞋才明白什么意思。

“臭小子，别张狂，你看你那个样子，一副无赖样。嘿嘿，你那个叫小帅的朋友也是这个德行，被“狗头帮”追得满街跑，要不是我们帮忙，早就零零碎碎了。”

“怎么，小帅怎么了？”我很关心这个心理有点不正常的朋友。

“嘿嘿，就不告诉你，都是无赖、垃圾、臭虫。”雪鞋得意洋洋，见刺激到位，一副胜利者的神态，拉着想说话的贵族就往外走。

“你侮辱我，我无话可说；你侮辱我的朋友，我绝不答应。”我对着门口大声喊。

门外传来大笑，“我等着你。”

夜，我为小帅担心了一夜。亲爱的朋友，你在哪里啊？

这一夜，我更坚定了一个念头。

第五天，到小花送饭的时候，进来的却是王师傅。王师傅心情不错，打开笼子，轻轻地抚摸我。对于王师傅，我始终心怀感激。他认可我，安葬老K，是出自一个人善良、真诚的本心。一些话可能伤害到了我，但我不在乎。因为，如果在一个猫统治的世界，我可能也会做出一些伤害人的选择。这样的现实，我不喜欢，但谁也无法避免。

王师傅对上次的事件唠叨了几句，我听了个大概。最初，舆论一边倒，支持那两个人，经过大量调查，才进一步澄清了事实，并就相关事情达成意向。但事情并未结束，社会上引发了关于故宫猫去留的大讨论，还是老院长亲自出面，就故宫猫存在的重要意义进行说明阐释，才在舆论中站了主导，将故宫猫保留下来，而我也可以继续待在故宫。

整个事件再也与我无关，我已经做好了自己的决定。

# 15 雪梨阿姨

我决定离开故宫。虽然，这里埋葬着我最尊敬的猫，生活着我最想见的猫，还有我最亲近的朋友，但我还是决定悄悄地离开，即使是悲伤，也是我一只猫的悲伤，不带走别的猫的一丝悲伤。

当然，一些东西很难割舍，我决定离开，却不确定是否还会回来。我离开前，只想再看一眼老 K。今天，故宫闭馆，没有一位游客。

御花园的宫墙上站着一只强壮又骄傲的猫，那一对如花翎的黑色簇毛在微风中凛凛生威。是钢王。他在等我。钢王一跃而下，落在我旁边。他没有看我，而是望着遥远的墙外。

“我们是在“狗头帮”的中心——丁香胡同碰见那只猫的。他说认识你，曾找过你。当时，有三只狗围攻他。他很不好。前天晚上，我又在北海见过他一次，和两只流浪猫在一起。”

我知道钢王说的是小帅。

钢王看一眼我脖子上的银牌，继续说道：“如果你遇到长水，帮我把他带回来。”

望着钢王的背影消失在甬道之中，我心里温热起来。钢王至少点出了两个信息：知道我一定离开，也认为我可能回来。成

为一群猫的领袖，不只是冷酷就能做到的。这才是王者的真正风采。

玉兰花开始凋谢。枝头上亭亭的花瓣犹自展开，藏不住的花蕊露出俏丽的样子，一颤一颤，和着微风的节奏。树下，花瓣落了一地，正织着多彩的毯子。雪梨优雅地卧在这张毯子上。

“很好，你能来，真好。”雪梨缓缓说着，但未曾抬头。

我搞不懂我“好”从何来。我走近老K的那棵树，蹲坐。

怎么会是这个样子？高贵的雪梨让我大吃一惊。第一次见到雪梨时，只看到她一侧的身形。而现在，如此近的距离，展现在我眼前的样子让我十分震惊。雪梨一侧的耳朵只剩下半个，仅靠根部一点骨头连着。这一侧，没有一块完整的毛皮，斑驳不堪，有的地方还露着嫩红的肉。

“怎样，吓着了吗？”

我不知道该怎样回答。

“这才是我。”雪梨说得很平静，“你呢，如果不是因为伤人这件事，你能告诉我你要离开的原因吗？”

我尽量平复下来，目光移动到雪梨的眸子上。“我想去找我的朋友，也许是救。我必须去。我很小的时候，还不会怎么找食物，老K又不能常运动，我几乎是与朋友一起分享他的猫粮的。我不知道他究竟发生了什么事，但我一定要去找他。”

雪梨点点头，“很好。”这是她第二句“很好”了。

“我很高兴今天能见到你。因为，我怕我等不到你再回来的时候。”雪梨的话让我有点伤感，“我会告诉你一些老K的事情。你应该也感兴趣。”

“老K离开这里有十六年了。十六年啊，对于一只猫，一生都不到头啊。那个时候，我们有五十七只猫。现在，只剩我和罗汉了。对了，罗汉难道没给你讲过老K的事情？”

我摇摇头。

“呵呵，这老家伙。当年，争做首领的时候，他们两个是对头，天天打架，但罗汉没胜过。罗汉是只很有意思的猫，不过，在老K离开后，罗汉胆子变小了，或者变得不爱抢风头了。”

“老K刚来的时候，看似弱弱的，喜欢钻在花丛里，没想到打起架来最狠。当然，受伤的时候更有风度。”雪梨仰望着飘落下来的花瓣，沉浸在回忆之中。

“老K的主人是一位非常了不起的历史学家，也是个诗人。可惜年纪轻轻就得了绝症，去世的时候，将他赠给了老院长。所以，老K知道很多稀奇古怪的东西。那个所谓的魔咒就是其中之一。”

“那是什么意思？”我很想知道这个答案。

雪梨没有回答我，继续说道：“老K能看懂文字，常给我讲人类的故事，什么热爱国家的人、行侠仗义的人、自我牺牲的人，好像他不是猫，而是一个人。”

“我是一只很普通的猫，什么也不爱，爱他就够了。可他不是啊。当时我没想到，他的这种想法竟然害了我们。不过，我不在乎，而他却在乎了。”

“我最大的遗憾是，没有生下一只可爱的小猫。实际上按照宫里的传统，我也不可能生下一只小猫。老K很幸运，收养了你。我也很高兴，你能在最后的日子里陪着他。”

我想问，为什么宫里不让生小猫？但觉得这个问题不合适。

“说说那天。那是晚上，我在景阳宫值班，老K陪我。他捉到一只老鼠，拖到正殿的一角，和我一起享用。突然，院子里好像有什么动静，他说要去看看。”

“我想，他一直在后悔，为什么没有留下来陪我？”雪梨的情绪开始变化，“我当时有些饿了，便先吃那只老鼠。等了一会儿，也没见老K回来，但却发现房门的布幔着了火。”

“我胆子小，特别怕火，一个火星也要躲远。当时，要是冲出去就好了，但我不敢。我只是喊着老K。火势很快大了，点燃了门窗。”雪梨瞳孔里仿佛闪耀着火光。

“老K在外面喊着，但是他根本冲不进来。他喊完最后一句‘等我’便走了。我很害怕，怕被烧死，怕见不到他。但我安慰自己，他去叫人了，去叫人救我。”雪梨身子抖着，那个可怕的晚上让她失去了一些很宝贵的东西。

雪梨停顿了一会儿，叹了口气继续说道：“后来我想，凭借老K的本事，完全有能力从别的地方进来，救我出去，或者和我死在一起。他去通知人救火，救的不是我，是那座大殿。他怕他自己为了救我而耽误时间。”

一颗泪珠儿从雪梨的眼眶里滚出来，“大火很快被扑灭了，整个宫殿保住了，我却被门压成这个样子。我真的很埋怨他，为什么一只猫要在乎那些东西？后来，我也明白了，这才是他。但是，迟了。”

“他在获得皮套金牌的第二天，便离开了。当时，我在医疗室治疗。他去看过我，但我假装睡着了，没有回应他。现在，我觉得很后悔，也许，当时我睁开眼，他就可能留下来。”

我想劝慰一句，但是这种感情的事情我一无所知，不知道从哪里开口。

“我只记得，逼迫自己记得，他说过的最后一句，等我。我相信他会回来。一年，两年，十六年，他回来了，却不能和我说一句话。其实，我特想要他说一句话，一个字也行。我宁可不活这漫长的十六年。”

雪梨低头，亲吻面前的泥土。

我想起老K死前似乎要说什么，但没了时间。我觉得我有义务编撰几句，劝慰一下雪梨：“其实，老K说了一句话，让我带给你。”

“什么？”雪梨抬头，眼睛里焕发着光彩。

我的脑袋高速运转，“是这样一句……”我脑海里竟然现出无双的影子，“他说，我爱她，胜过爱这个世界，如果没有这个世界，我会为她造一个只属于两只猫的世界，我做国王，她做我永远的王后。”

雪梨低头抽泣。

我继续说道：“老K和我住在景山最高的地方，每一天他都痴痴望着这里，不停地涂画那个咒语。他从没有说过心里有多苦，只是告诫我要学会活着。”

雪梨低声说道：“谢谢你，德弟。”

“我很愧疚，没有陪他更长的时间。”

“不，德弟，你做得很好了。”雪梨调整好情绪，“你有的地方很像他，比如伤人这件事，他遇到了也会这样做。但是有一点你比他强，你会选择在这个时候离开，但他不会。也许，你离开后，还会回来，但他不会。”

“他更像他故事中的人，伤的是自己。你有点小聪明，做事看着好似冲动，其实更服从本心。你就是一只猫，可以成为人的朋友，但不会因为人的烦恼而烦恼。我希望你做一只快乐的猫。你，很好。”

这是雪梨第三次说我“很好”。我真的不觉得我有多好。我每一个决定只是想做一件我必须做的事情。

“你走吧，以后，你愿意，可以常来看我们。”雪梨说完，闭上眼，把脸贴在地面的花瓣上。

我站起身，凝视着这棵树和这只猫，久久无语。

我该离开了，知道了想要知道的事情，需要马上离开了。只是我没想到，在出宫的时候遇到了一个小插曲。

我脖子上的牌子还在，当然不怕管理员驱赶我。在我即将走出宫门的时候，却被一名保安抱住，翻看我的牌子。

“哎呀，是那只猫。你们看，编号 0419，就是他。”

立刻围上一群保安，有男有女，伸着手，抚摸我的毛发。

“这小家伙可厉害了，都快将那个人挠成花脸猫了。”

“解气。嘿嘿，要是我，把他手指头咬下来，手欠。”

“得了吧，你。这样的事，我们也不是没遇到过，素质低的人，你也不怕他咬你。”

“别说了，来来，我们合个影。”

说着，有个漂亮的女保安按响了手机的快门。

## 16 领地之争

我出宫后，先到了与小帅常见面的地方，街心花坛的长椅边。这个季节绿树还没成荫，接近中午，充足的阳光照着这个地方，暖洋洋的。有三位结伴的老人坐在那里闲谈。

我绕着椅子转了两圈，没有闻到小帅的一丝气味。按说，以小帅的惰性，只要他来过，一定长时间匍匐在地面，或者用脊背蹭着椅子腿，会把气味留下三天。

小帅常去的地方不多。钢王说的丁香胡同离这里很远，近十公里。北海倒是很近，从地点上看，小帅很有可能来这里的。但现在没有痕迹表明他来过，只能说明他确实遇到了难题，要么躲了起来，要么被人抓进了收容所。

目前需要做的只有两件事，去丁香胡同和找到宠物收容所。这两个地方，我都没去过，因为所有的流浪猫都避之不及。至于丁香胡同，听老 K 说过一嘴，那里是老居民区，也是流浪狗的乐园。

我制订了初步计划，先回景山看看，晚上找找黑豆，然后去丁香胡同。我没有多停留一刻的理由，阳光再好，此时也无心享受，便疾步奔向景山公园。

景山万春亭上的老巢依然维持着我离开时的样子，没有新的居民住进来。上次小花“打扫”得不干净，遗留的食物早就发了霉，一股刺鼻的味道弥漫了整个空间。

这里，老 K 留给我的记忆太多。他不在了，我反而割舍不下。就把这儿做一个落脚点吧，除了环境熟悉，还能时刻记着老 K 的言传身教，对于今后的生活也许更有利。

我不擅长清理，只是一股脑地将垃圾扔下亭子。为了不引起管理员的太多注意，我还是刻意遵守了公园规则，将扔下来的垃圾就近放好。

公园的游客对往返捡拾垃圾的猫充满了好奇，好事者拿出手机照相。我不知道，人们又会杜撰怎样的故事，把一只猫的经历放在人的价值观念上该是多么无聊的事情啊。将来，真有这样的人因此成名的话，我都为他脸红。

下午的时间好过，我找了点吃的，便在亭子里睡觉。睡醒后，钻进下水道，找到一只倒霉的老鼠吃掉。等到将近午夜，才来到故宫的北门。

我有点惭愧。在故宫的这段日子，没有登上城楼一次。也想过登上去，看看城楼下的地方。但那种居高临下的姿态可能会给黑豆压力，让我失去一位真诚的朋友。没有这样做，好像也不对，感觉乐不思蜀、忘却旧友。

北门小广场的垃圾桶都在，但没有看见一只猫。怎么回事？这个时间正好是猫活动的时间啊。难道所有的猫都集体出事了？不可能。除非一个城市完全与自然隔断联系，用坚固的水泥和完美的自动化系统来运作这个城市。

“喵”。有猫向我打招呼。

我看到有三只猫从一个阴暗的角落走出来。黑豆走在前面，两边各有一只毛发凌乱看不出斑纹的猫。

“叫德哥，故宫的德哥。”黑豆对那两只猫喊道。

“德哥。”两只猫，一只右前肢有点瘸，似乎受过伤留下了残疾；另一只太瘦了，耳朵显得格外大。

黑豆介绍，瘸的叫小七，耳大的叫方块。黑豆见到我格外高兴，略一低头，顶住我的脑门。我很喜欢这个礼节。

黑豆听说了我在故宫里的事情，当时也着急过，后来一想，我肯定会离开的，便每夜都要在这里等一会儿。

我对垃圾场没有猫感到意外。

黑豆解释道，最近故宫周边加强了整治，不但完善了诸如停车场、垃圾场等公共场所的管理措施，而且重点收容了附近的流浪猫和流浪狗，附近已经有二十只猫被抓了起来。

我有点担忧，一群流浪猫习惯了一个地方，也就是实质上拥有了一块领地，突然失去无异于家破猫亡。流浪猫是城市的垃圾，人制造了这些垃圾，又讨厌这些垃圾。所以，猫的领地不在人的法则之内。

还好，黑豆告诉了我他现在所在的地方，足以容纳其他的猫，而且暂时是安全的。位置接近丁香胡同，是“狗头帮”的范围边沿，此举有和他们争夺生存领地的嫌疑。因而，搬去这几日，猫们高度戒备着，谨防狗们的偷袭。

我询问了丁香胡同的情况。黑豆让小七回话，说小七在那个地方待了两年。猫不可貌相，小七自然有超常之处，只是说话的语气“超常”费劲。

小七说话之前先甩头，“那——那里，居民很——多，一大——大片，狗大约——有——三十只，有——流浪狗，和——

人偷放养——的。”叹了口气，又甩一下头，“白天活动少，大——大多是晚上和早上，很——很，排外。”

黑豆忍不住打断，补充了一些。主要是两点：一是有固定场所，在一个居委会小院的附近巷口花园；二是领头的是一只巨形犬，被拴养，但很凶。

我问黑豆可曾听说过一只叫小帅的猫。黑豆看看小七和方块，都摇头。难怪他们不认识，小帅本是一只宠物，哪里会和他们打交道。“了解收容所的情况吗？”

那个叫方块的瘦猫，见黑豆望向他，便自觉地站近一些，说道：“三环之内有四处。附近十公里以内有两处，是接收我们流浪猫的，一处是城市专门设置的，管理严格，据说只有进去的，没有出来的；另一处是本地一位居民自己搞的，为许多流浪猫提供吃住，我去过一次，主人很好，但是门禁很严。”方块说话很快，快得超过我大脑运转的速度了。

“你是怎么出来的，那里不是很好吗？”我对这个感兴趣。

方块笑道：“装死。嘻嘻。里面好是好，但不适合我。”

好是好，但不适合我。我也可以用这句来回答不留在故宫的理由。

黑豆知道我要寻找小帅的想法，建议跟他一起回去，跟猫们布置一下这个任务，猫多力量大，希望也会大些。我同意了。

后半夜的长安大街依旧车流不小，但辅路上几乎没有行人。我们放开步子，奋力疾驰。城市从不给予猫放纵的机会。现在有了，疾驰生风，才有放纵和自由。

我身体的每一块肌肉都得到了释放，连续受伤的沉闷也一扫而光。黑豆和方块的体力不错，几乎与我并驾齐驱。让我意外的是小七，竟然把被破坏的平衡锻炼成了一种习惯，丝毫不影响奔跑的速度。

三只猫领着我，从长安街拐进一条不知名的街道，连续几个弯，距离不短，来到一处院门前。门上贴着封条。

我们没有直接从院墙跳进去，而是跟着黑豆绕墙一周。他检查周围的状况，看有没有异常发生。这就是责任，无论是人，还是猫。

走到一处与邻院相接的位置，发现墙有一处非常明显的缝隙，用来挡住缝隙的木板撞翻在里面。一定是流浪狗钻进去了，因为爬墙是猫的本事，而会钻洞的则是狗。

这次，黑豆没招呼我，直接从洞里进去了，我和小七、方块紧紧跟着。院子不小，去年枯败的草和花还在，明显被封了一定时间；里面很杂乱，摆满了各色的办公物品、废弃的交通工具。街上路灯的余光照进来。

一群猫正站在箱子、桌子和架子上。有三只狗游荡在院子中，耀武扬威地翻动着地面上的食物。那是猫们从垃圾堆里找出来的食物。离狗很近的，是一只白身黑尾的母猫，身后护着三只小猫。

“喵——”黑豆毛发立起，朝向一只沙皮狗叫道。

另外两只是京巴和腊肠。流浪的狗或猫，很少有纯正血统，这样的基因才更适应残酷的生活。其实，对于狗的认识，我远胜于猫，老K告诉过我每一种狗的种类、性格，但是没说过猫。他认为，熟悉敌人是生存需要。

沙皮狗的皮肤充满褶皱，看似忠厚老实，其实是有名的斗狗之一。果不其然，连招呼也不打，沙皮狗转身张嘴咬向黑豆。黑豆也不示弱，跳跃起来抓向狗。无论是体积，还是体力，猫都处于狗的下风。

一开始，黑豆凭借灵活的闪躲，勉强应付，时间一长，明显处于被动，无法跳出狗的攻击范围。我要上去帮忙。与狗的战斗，是每一只猫的义务。

我助跑跳起，尽量高些，以便加大攻击力。我瞄准沙皮狗好几道褶子的脖子，咬下去，咬住，借着冲力一拧，将沙皮狗甩倒在地。

身材较小的京巴和腊肠“汪汪”叫着，冲过来。黑豆大叫一声，十一只壮年的猫跳过来，都直着尾巴，与狗对峙。

那只沙皮滚了一下，站起身，恼怒着冲过来，但在离我半步远时却停了下来，看着我脖子上的牌子。

我这一边，猫们低声嗷叫，气势很足。

狗的叫声开始还很响亮，长时间对峙气势上就泄了。沙皮还在盯着我的牌子。他害怕了。他不是认识这个牌子的主人，而是知道这个牌子的出处，知道故宫里有一位了不起的王者。钢王在狗的世界一定也是个可怕的传说。

最后，沙皮放弃了，一边狂吠，一边后退，从那个缝隙走了。几只猫用最快的速度将木板堵好，又叼来许多石块加固。虽然是暂时的地方，但也是神圣不可侵犯的领地。

我有一种感觉，猫狗之间的争斗才刚刚开始。钢王可以吓住他们，流浪猫在狗眼里却是不值一提。因为，他们眼里只有人。

# 17“狗头帮”

猫们很欢迎我的到来，热情得超乎我的想象。也许，在与异类的战斗中，同类的感情显得更为珍贵。他们根本不在乎前一段在北门广场的争执，对我表现的实力尤为敬佩。黑豆叫过那只黑尾白猫，是他的老婆，叫莱花，并很高兴地介绍他的三个孩子：大丁、二丁和三丁。

我还不理解父亲的含义，但特别喜欢那三只小猫，和他们一起嬉闹，有一种很温暖的感觉。黑豆很惭愧拿不出可招待的美食，只能陪我聊天，讲他们的经历，问我故宫的遭遇。我无法炫耀猫们向往的那种生活，因为我更喜欢这里的轻松和自在。

快天亮的时候，黑豆叫来方块，让他陪我去丁香胡同。由于不是去打架，机灵的方块正是我的首选。临走之前，我建议黑豆将那个围墙缝隙堵死，防止那些流浪狗再来偷袭，同时最好设置两个岗哨，防止其他的意外情况。

方块比我大两年，可以说是流浪猫中的老手。这种老手不只是见识丰富，最关键的是被追击、被虐待的经历比我多得多。任何凄惨的经历都是宝贵的经验。带上方块，我觉得此去应该有所收获。

丁香胡同离这个地点有点远。我们穿过两条商业街，进入了一片四合院与高楼参杂的居民区。街上晨练的很多，当然遛

狗遛猫的更多。

方块告诉我，“狗头帮”并不是什么乌合之众，反而比流浪猫的组织性更强，核心都是被家养的宠物，外围才是刚才院子里遇到的那些流浪狗。大部分狗都有合法的身份，因此街头的狗能够淡定地活在人的秩序之中，对外来依附的流浪狗比较容易接纳，而对流浪猫则是深恶痛绝。

的确，我和方块走在街上的时候，被牵在主人手里的狗纷纷朝我们狂吠不止。为了减少不必要的麻烦，我和方块专走较狭窄的胡同。方块带着我到了一处地方，那是一处二层楼的小院子，与一个小公园相邻。方块说，这就是丁香胡同居委会，是“狗头帮”聚会的地方。

院子里有六七个走累了的老人，正拄着拐杖闭目养神。或远或近的，有几只狗被拴在树上，没有狗套的则静静地匍匐在主人的脚下。我没有贸然进去，只在门口徘徊，恰巧看见一只猫卧在门口小房的台阶上。

这是一只很老实的狸花猫，我的血亲，叫窝头，因为亲近，对于我的问题无所不答，哪怕是繁琐的生活小事，而我感兴趣的只是小帅的下落。

“……非常高兴认识您哦！我长得像窝头呗，您看我的脸，看，有点向里面凹……你的牌子不错，哪里买的，我还没吃呢！主任说今天去街上买早点……哈哈！唉，就是常常自己闲的，无聊！”

我们遇上了一个话痨。

“找人？找猫啊……这里流浪猫少，小帅不认识，长水没听过。对了，也有猫来问过……四天前发生过一件事，一只猫

抢了一只小狗的肉，然后一只大狗追他，被一只大猫拦住，大猫和大狗打起来，被追的那只猫跑了……”

方块打断了窝头的话，“狼风在吗？”

“在，后面的林子里。”

“狼风是谁？”我问道。

“‘狗头帮’的狗头。”方块有些紧张。

“我们可以去问问他。”

“他不屑和猫说话，也不会猫的话。只会咬他不喜欢的任何东西。”

我也觉得应该离开这里。但来不及了，昨晚那三只流浪狗将我们堵在了门口。得意洋洋的沙皮“汪汪”叫了两声，又有三只狗从街上跑过来。我和方块只能退到院子里面。

和一群狗打架，我真有点心虚。所以，我尽量保持着笑意，表示自己不是来打架的。不过，我想昨天的那一跤，沙皮肯定忘不了。

此时的战术更简单，三十六计，逃为上计。我示意方块注意时机——逃跑的时机。

一阵强烈的杀意打消了我的念头。我连忙回头，看见一只身材硕大的狗走来，拖着一条铁制的长链。狗链与地砖的摩擦声刺耳难听。

“他就是狼风？”我低声问。

方块恐惧地点点头。

狼风是一只德国黑背，脸庞黝黑发亮，毛发厚重密实，四肢强壮有力，特别是走路时匀称沉稳的步伐，任谁都感到巨

大的压力。

面对强者，可以避免的，绝不硬拼。老K的生存秘诀不能忘啊。我笑着，虽然腿有点抖了，但还是走向狼风，站在他面前，仰着头。

从狼风的眼神看，他的性格应该不是很暴戾，但那种强健的风姿，又让你无法忽视他暴力的存在。我希望，他和钢王一样，可以更自负和骄傲，但多少讲一些道理吧。

“您好，狼风。我来自故宫，叫德弟，来找我的朋友，如果打扰您了，我表示抱歉。如果您及您的手下有我朋友小帅的消息，麻烦您告诉我；如果没有，也没什么，我继续去别的地方问问。”不管狼风听得懂听不懂，我尽量表示我的善意。

强者不需要善意。狼风头都没动一下，又叫了两声。院子里所有的狗都过来，死死地将我和方块围住。死局吗？我无法应对。

狼风又叫了一声，开始后退，其余的狗也跟着后退，包括不甘心的沙皮。但有一只狗没有动，站在那里显得特别突出。是一只苏格兰牧羊犬，带着狗牌，身材比狼风小一点，毛发黄白交错，狭长的脸颊带着些许温驯。不要被外貌蒙蔽，苏格兰牧羊犬的战斗力并不弱。

我看出来了，狼风的意思是让我单挑，结局不管胜负都能离开。胜负的悬念不大，就是面对面与沙皮捉对厮杀，不偷袭的话，我胜算也不大。在这个形势下，我还有别的办法吗？

方块担心极了，低声告诉我，这只狗叫老三，比沙皮厉害多了，小心一点。小心有用吗？我心里没底。

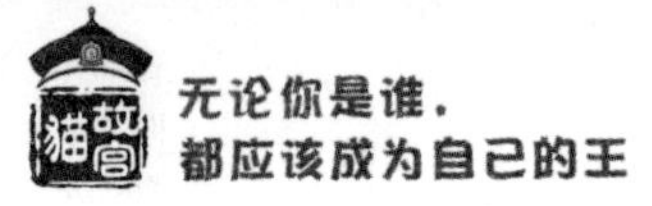


气势上是不能输的。我站到老三的前面。老三往前一步，身子后耸，目不转睛地盯着我。面对如此弱小的我，还这样谨慎，说明是个劲敌。

“汪！”老三率先攻击，向一朵云一样压下来。

我横移半步，躲开老三的攻击重心。但还是被老三的头部顶住臀部，一下子撞到不远的铁栅栏上。疼啊，不用别的招数，这样反复来几下，我就站不起来了。

我咬着牙，直起尾巴，站到老三的右侧。老三不给我攻击他软肋的机会，一跳，又扑过来。此时，我只能钻到他身后。

老三应该有和猫打架的经历，他前肢还没落稳，后肢弹起，踢向我。我躲避及时，锋利的后爪紧紧刮过我的耳尖。

正面对攻绝对不行，必须在后面找到机会，用我的优势抓住他的缺点。他的缺点在哪里呢？

我不敢与老三保持较远的距离，那样会给他直面攻击的机会。我在他身子的左右两侧和后侧频繁移动，保持着很近又不会被他纠缠的距离。

望着他摇晃的尾巴，我有了准确的战法。我趁他转身的时候，迅速一跳，抓住他臀部的长毛，整个身子紧紧贴住他的背部，后肢牢牢夹住他的尾巴根部。这是老三不能攻击的死角，牙齿咬不到，爪子抓不到。

老三努力尝试将我摔下来，但无法做到。他在原地转圈、跳跃，颠得我肠子都快出来了。我不能松开，坚持才会胜利。

老三的方式很费体力，一会儿就跳不动了，气喘吁吁地吐着舌头，任凭我趴在他的屁股上。

谁也没想到，是这样一个结局。不输不赢，无可奈何。

狼风没有做出任何多余的动作，扭头就走了。大部分狗狗跟着散了。

我也累极了。这种消极的战法对于我也是挑战，和狗的第一次真正的战斗没有输，如果当初和钢王也是这样的结局，我估计会被猫们笑死。

老三不是很介意这个结局，特意低下头，与我顶一下脑门。我欣然接受。方块也过来顶脑门。

危机并未散去，沙皮纠集在一起的十余条流浪狗还堵在门口，死死地盯着我们。

老三大叫一声，沙皮他们才让开一条路。

我和方块连忙出了院子，沙皮他们却悄悄跟在后面。这是等机会下手啊。

跑吧，快跑吧。我们一离开老三的视线，便发出全力，在街上的车辆、人群中穿梭。沙皮他们也跟着跑起来，不抓到我们不甘心的样子。

两只猫和一群狗追逐着，引起了人的注意，有人打电话报了警。我带着方块不断地转换方向，钻巷子，试图甩脱这些狗。

我和方块进了一处商业街，狗们才慢下来。我知道，一群狗在商业街跑动，不出几分钟就会被街道管理人员抓起来，送进收容所。而猫个体小，不容易被人关注。

忽然，一张大网罩下来，将我和方块死死罩住。

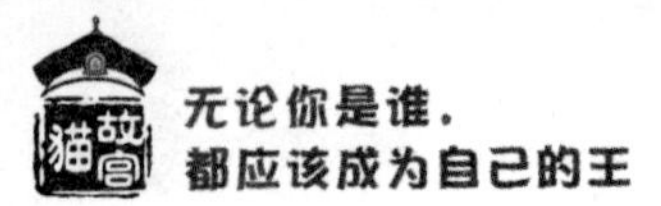


# 18 收容所

我的警惕性哪里去了？没有任何准备就被人网住，装进了一个扣盖的铁丝笼子。作为我的陪同，方块更是一脸茫然。我明白，自己遭遇了一次最大的危机。

一位穿着制服的人，将我们放进一个厢式小卡车的后面。关上门，里面光线较暗，有猫叫，有狗叫，看来这里的旅客不少。

“嘿，哥们儿，怎么进来的？”我看到一只浑身泥浆的猫，嗓音尖细。

“我不是刚才告诉你了吗？你老年痴呆啊。”声音来自泥猫下面的那个笼子。伴着这个回答，还有旁边一只独耳京巴的狂吠。

“没问你，更没问你。死狗，你告诉我，我也听不懂。我问刚刚进来的两个。”

“闯红灯行不行？”方块顶了一句，然后配合着我，试图顶开没有上锁的盖子。

“别费劲了。盖子是弹性钢丝的卡，狗也顶不开。”

泥猫说得不错，我们无法打开，只能有人拿住盖子，两边一拉，才能打开。

“你知道我们去哪里？”我问那只泥猫。

“收容所。我这是第二次，当然知道。”语气里还带着一点骄傲。

“你跑出来过？”这是我关心的问题。

“就他？”看不见的那只猫说，“收容所的院门开着，但是关我们的房间是防盗门，房间里又都是上了锁的笼子，他长翅膀也出不来？”

“你呢？”

“哈哈，我还没进去过，听说，听说而已。”

泥猫接着说道：“那你吹牛什么。我就是第二次。第一次进去后，被领养了，因为不喜欢主人的家，就跑了出来，这不正躲在水潭里吃鱼呢。”

我很怀疑，这只猫即使洗去泥浆，那猥琐的样子也难被人领养。看来，要想逃出去，只能再等机会。泥猫毕竟进去过，多了解一些情况，有备无患。

泥猫很健谈，有问必答，只是所知不多。

据泥猫讲，这个收容所属于城市管理部门的下属机构，吃住的待遇不错，也没有虐待现象。里面收容的大多是影响市容的流浪狗、流浪猫，也有走失了佩戴身份证明的宠物。去向不少，有被失主认走的，有被人领养的，剩下要么贱卖给商人，要么送回山区。

我对于后两者的结局很有恐惧感，因为很多猫都有一个隐晦的说法，贱卖的和送回山区的再无音信。越隐晦的越可怕。

我说了小帅和长水这两个名字，没有得到意外的答案。噢，对了，收容所里的猫来自各个地方，说不定有认识的。也好，就当去找小帅。

车子行驶了不远的距离停下。车门开了，两个工作人员拎着笼子，走到一扇防盗门前，拿出钥匙来回转了好几圈才打开。这里关的哪里是狗和猫，分明像是怕丢失的珍宝。

门一开，便传出一阵猫叫和狗叫声。我仔细一听，竟还有鸡叫声。里面空间不宽，但很深，一边是一人高的文件柜，一边是三层的铁笼子。没有一个笼子是空的，有些笼子甚至关了四五只猫。

拎着我和方块的工作人员看了一眼，对后面的人说道:“这只猫有牌子，好像是故宫的。”

“那就打个电话呗，让他们过来领。”说着，那个工作人员左右看了看，便将我们的笼子放在了文件柜上，然后赶紧帮着另外一个人将其他的猫关好。可能他的想法是先打电话，再处置没有牌子的方块，便和那人一起出去了。

还好没有将方块和我分开，否则，我刚进来时想好的逃跑计划，就要把方块排除在外了。

不要相信机会永远存在，指望太多的机会，就会永远失去机会。现在的机会只有一次。我见门关上了，便用力撞向笼子。聪明的方块马上明白了我的做法，跟着我一起撞。

认命的泥猫一下子跟着兴奋起来，喊着“加油。”其余的猫，似乎也被感染，齐声喊着。

笼子空间不大，我和方块无法助力，自然使不出更大的力气。但笼子依然一点一点挪向文件柜的外面。这真的是个体力活，撞了十几次，才露出一个爪子大的缝隙，让我看到了地面。

我示意方块停下来，让他学我的样子。我弓着身子，后爪抓住笼子底部后面的横框，前爪探过前面的横框，拉住文件

柜的边沿。方块也做好准备，我喊道：“一起。”前爪往后，后爪往前，笼子仿佛放在滑板上，匀速向前活动。接下来，就看运气了。

笼子终于超出文件柜大半。“下去。”我和方块的脊背一起朝前。笼子“哗啦”地坠下去，掉在地上。很幸运，这么大的高度产生了很大的力度，盖子被摔开了。

在大家的欢呼声中，我和方块站在了笼子外面。

“嘿，哥们儿，过来，给我们看看。”是那只泥猫。

我依次看过每一个笼子，发现全是焊接在一起的。笼子的门上都挂着一把锁。没办法，我对可怜的猫们表示歉意。猫们本来兴奋的情绪，一下冷了下来。

我想看看整个房间有没有别的出口。往里面走，果然看到两只雄赳赳的花冠公鸡。这也算宠物的话，太让猫不能接受了。谁知里面的角落还有让猫大跌眼镜的，一只白胖胖的小猪正在酣睡。天啊，人的口味原来越复杂了。

房间四周全是死的，没有窗。只有屋顶起了一间小阁楼，那是旋转的换气扇，也是死路一条。看来，只有一个办法，从哪里进来，就从哪里出去。这，需要等。

等很无聊，就在房间里逡巡，和猫们聊天。

有一只猫告诉我一个惊喜的消息：小帅在一个爱心收容所。前几天，小帅和两只猫在街上寻找食物，可能很长时间没有吃饱，加上被狗欺负的原因，病倒不起，被一位好心人送进了爱心收容所。

对于爱心收容所，很多猫都有所耳闻，每只猫都能说几句，

我也有了大概的了解。爱心收容所是本地一对退休的老夫妻搞的，专门收留受伤、受虐的流浪猫，如果没有任何后续的结局，可以一直在那里养着。

当然，也没有一只猫从那里出来过，可能是不愿意再过这种漂流的生活，有爱心的地方就有温暖，谁不希望有个温暖的家呢。只是并不是所有的流浪猫都能进去，必须受伤、受虐，或者真正无家可归、没有去处的，才有可能被人推荐进去。

好，有地方就好。只要能从这里出去，哪里还会有进不去的地方。我叫过方块，告诉他，等有人进来时，我们一个在门框上面，一个在下面，门开后，上面的先跳，下面的再出去。

方块有点不解。我说，如果都从下面冲出去，肯定有先有后，人也很机警，后面的猫极有可能被关在里面，或者挤在门里。

我们和猫们又聊了一会儿流浪的生活，无非是诉苦，希望找到一块属于猫的乐土。但很难，这里毕竟是城市，没有人视线看不到的地方。

有猫听到钥匙插门的声音，提醒我们。

方块跳到门框上面，我躲在下面。

门开了。我看见一个人的手还放在钥匙上，正准备拔下去。那人推开一条缝隙，方块顺势跳下去。那人吓坏了，赶紧缩手，后退半步。我趁机冲了出去。

“猫跑了，快抓。”

“分开跑。”我向方块喊道。我们朝两个方向，弧线运动，冲向门口。手足无措的人没有拦住我们。我们呼吸着自由的空气，自由地跑在街上。

方块知道爱心收容所的位置，所以，他领着我去找小帅。经过刚才的事情，说明方块算是很好的一个搭档，比小花强多了。当然，有的地方，方块差一点，比如不爱开玩笑，幽默有点冷。

一路上，我们商量了很多办法，该如何混进爱心收容所。但没有一个是彼此都认可的。

“实在不行，上去敲门，然后进去。”聪明过头，就是笨了。当然，这个方法我没反对。因为路过一面宣传墙，看到一人在那里作画时，我想到了一个主意。

画宣传墙的人根本没有注意到我们，正专心致志地描绘着墙上彩色的图案。我悄悄走过去，靠近一瓶红色的颜料，用前爪碰倒它，然后自己躺在地上一滚，将自己的毛发染得血一样红。方块照做不误。

爱心收容所就是一座四合院，位置不近，但不难找。外面没有任何特殊的标志，只是大门紧闭。

“需要上去敲门吗？”方块还想着这句话。

我来了一句：“你见过碰瓷的去敲门的吗？”

说完，我顺势一躺，僵硬地展示着自己受伤的“惨状”。方块没想到，他是装死出来的，我们也可以装死进去。

一旦你过于崇拜一只猫，你就可能笨到化石的程度。方块做了一个和我一样的姿势。

# 19 又是收容所

我和方块是饿着肚子躺在门口“碰瓷”的。这就是流浪猫的悲哀，有时你走遍所有地方都找不到食物，有时你却没有时间寻找食物，因为在那个时间你有比填饱肚子更重要的事情要做。

功夫不负有心人。一位来串门的客人，捎带上我们进了院子。

上百只猫分散在每一个角落里，窗台上、花架上以及各种杂物上都有猫。每只猫似乎都很惬意，有舔毛的，有晒太阳的，有在墙根刨土的。院子里没有笼子，但天上罩着大网，让整个院子看起来更像一个笼子。

收容所的主人，那对头发斑白的老夫妻，分别抱过我和方块。

“咦，猫身上的不是血，好像是红颜料。”男主人捻住我毛发上的一小块颜料，放在鼻子下面闻，又拿给那个客人看，“赵先生，你看。”

那个赵先生也捻住一点：“嗯，是颜料。也许是谁带着颜料撞晕了他们，不小心染上去的。”男主人也觉得合理，因为他想不到一只猫会怀着什么目的，自己去染什么颜料。

男主人和女主人将我们身上的颜料洗去，然后认真检查我们

的身体，看是否有骨折。确定无恙后，判断我们两个可能是轻微脑震荡，便找来猫粮和水，把我们放在一个空旷的地方休息。

猫粮不是很精致，但喂饱肚子没有问题。方块个子不大，吃东西的节奏却比我快多了。吃完后，我们还要假装“休息”。演戏就要演到底。

赵先生反复查看了我脖子上的红绳银牌，转头对男主人说道：“这是故宫的猫。”

男主人凑上前，对旁边的女主人说：“咱们家没有故宫管理处的号码，你明天下午出去的时候去一趟吧，问问他们是不是走失了一只猫。”

我就是劳碌的命，想在这里多待会儿也不行。见老夫妻和客人进了屋里。我和方块便四散开来，逐个询问小帅和长水的下落。

一只猫拦住了我。他身材和我不相上下，被毛滑顺蓬松，黄色和褐色条纹过渡模糊，一条毛茸茸的尾巴耷拉在地上。最奇怪的是耳朵，从耳根开始向后翻卷。

他望着我脖子上的牌子，用前爪配合着伸出的舌头洗脸，“你是谁？”

“长水？”这是我的第六感。

“你是谁，钢王派你来的？”他似乎很在乎自己的脸，一边说话，一边洗着。

“我叫德弟，不是他派来的，我是逃出来的。当然，那段日子借用了你的牌子几天。”

那猫听我说是逃出来的，脸上露出了笑意，和我顶了一下

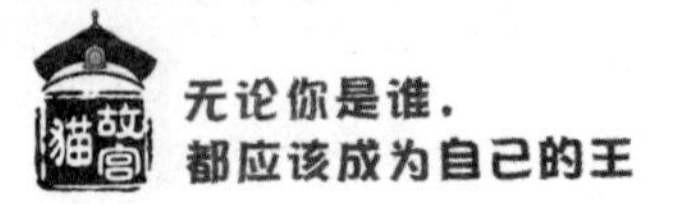


脑门，“你好，我是长水。”

“我是来找我朋友的，叫小帅。当然，钢王也托我给你捎句话，希望你回去。”我见长水这个样子，忙改变了钢王的交代。

长水说道：“我认识他，走。”对钢王的话却没有任何回应。

方块似乎也问到了什么，站在那只正在刨土的猫跟前发愣。

“就是他。”长水指着那猫。方块也跟着点头。我凑上前一看，就是他。可怜的小帅瘦了许多，身上毛发的凌乱没有光泽，眼睛直直地盯着地上，前爪奋力地挖土。

“小帅。”我轻轻叫道。

“德弟，你也来了。”小帅看着我，眼睛很神秘地四处看着，“嘘，小点声，他们说这里有宝贝，我要是找到了，就不是一只普通的猫了，大家会赞美我，认可我。快点，一起来。”

我有些接受不了，和我上次见到的他又是另外一个样子。

“小帅比我迟几天进来，是病了，发烧。现在好多了，只是还有些不清醒，不爱和大家交流。但晚上会好些。”长水抹了一下脸，制止我上前，“别管他，你要是不让他动，他会跟你急的。”

小帅到底发生了什么事情？

“你呢，怎么进来的，钢王找了好些地方都找不见。”

“嘿，我被车撞了，后肢骨折，现在好多了。”

“那你为什么不回故宫？”

“我能回去吗？伤人啊。再说，就是不伤人，我也不回去。好了，别说这些了。”长水领着我离开小帅的地盘，来到一根刚刚抽芽的葡萄藤下面。

我望了一眼小帅，“这里怎样？”

“不好不坏。”长水又开始洗脸。我真怀疑他的唾液是不是分泌过剩。

我仔细观察了一下四周，问道：“能出去吗？”

长水笑了，“能出去我早就出去了。不好不坏就是平庸，平庸是时间最好的刀子，我受不了。”

长水有点意思，至少有自己的想法。的确，院子里的布局看似平常，但比我逃出来的收容所严密多了，和方块用过的那招肯定不行了。装死也不行，这次是四只猫，集体装死太不正常了。

男主人出来送客了。赵先生没有马上走，而是站着，看着院子里的猫。

“您看，这里的猫大多残疾，真的不适合您的“猫园”。您是搞学术的，这个项目又是旅游项目，总不能搞个慈善园吧。”男主人无奈地说，“我们纯粹出于良心，干这个没收益，以后少不了您的帮衬。”

“嗯，那是一定的。只是苦了你们。”

“也不苦，苦的是这些猫啊。看着他们在这里好好的，我们老两口心里也高兴。”

“行善即是修福。你们老两口肯定有好报。对了，刚才忘说了，我的‘猫园’地址定了，就在西北的黑龙沟。有机会帮着宣传一下，我们可是要打造全国一流的猫文化主题公园。”

“好的，您放心。”男主人客气地与赵先生握手，并送出门。

“你能听懂人话？”长水可能注意到我的神情。

我不置可否，问道：“你听说过黑龙沟吗？”

长水摇摇头。

“我知道。”方块接话道，“在西北方向。去年，我曾陪着一位老猫回去过。”

我点点头，没再说别的。

男主人回到院子，看着墙角的粪便，生气地大喊着：“三儿，三儿，干吗呢，快点收拾一下。”

“叫什么，来了。”一个染着红头发的小伙子从卧室里出来，眼睛盯着手上的手机，“哼，这些猫比你亲儿子还亲。”

“废什么话？”男主人表情严厉，“我早晚把你手机摔了。你就天天不误正业吧，到时候咱们那套老房子的拆迁款，我看你好意思和你哥哥姐姐抢。”

“行行行，我怕了您了。”小伙子拿起扫帚赶紧干活。等那主人进了屋，又开始蹲在一边玩手机。

我对长水和方块说道：“我的时间不多了，可能明天下午故宫来人。当然，长水，你的时间也不多，故宫来人认出你，不回去也要回去。所以，大家要好好想想出路。明天上午，必须离开。”

长水一下子紧张起来，不再洗脸，开始满院子乱转。

我走到小帅的身边趴下，闭目养神。

晚上，院子里没有灯光，猫们吃了东西，各自找地方开始睡觉。这完全是人的作息时间，的确让刚来的我有点烦躁，怪不得长水想离开这里。当然，那些不想离开的，可能早就丧失了一只猫的尊严。

小帅在天黑的时候，逐渐安静下来，挨着我躺下，睁着眼睛看着房间里的灯。清醒一些的小帅告诉了我他这一段的经历。

原来，两周前，他的主人病逝了。主人的子女很快处置了遗产，但没人愿意抚养一只猫，便将小帅赶出了家。小帅从没有在街上流浪过，不懂得如何寻找食物填饱肚子。于是，在丁香胡同的一个巷子里，抢了一只小狗嘴里的排骨，被两只大狗追赶，幸好遇到了出来找长水的钢王。钢王也没有办法收留小帅，小帅只能继续流浪。几天来，小帅一直沉浸在失去主人的痛苦之中，加上没有填饱过肚子，便在路上病倒了，被一位好心人送到这里。

小帅讲述得很简洁，没有自怨自艾。但是我看得出来，这些话都在他心里。我不知道如何开解小帅的心结，但我下定决心，绝不会撇下他，一定把他带在身边。也许，有一天，我会让小帅真正体会到，他是一只让自己骄傲的猫。

长水根本没有听小帅的故事，他现在关心的是尽快从这里出去。他靠近我，低声说道："我重新翻了院子，也找不出可行的方案。你呢，有啥想法讨论讨论。"

"真的没有吗？"

"有是有，但不可能啊。"

"说说看。"

"比如，那个下水道，直接通着外面。但是那个封盖，是铸铁的，太沉了，我们根本弄不动；再比如，那个大网太高……"

"好，我们就从下水道走。"其实，下午我就有了主意。

"怎么可能……"

我没有继续说什么。我要好好休息，明天还有事要做。

# 20 逃

院子里的下水道在西南角，连接着街道的主干道，一方面是家居排水，另一方面是院落内的雨季排水。当时的设计是，院内的积水要全部汇集于一处闸门，所以闸门被铸铁的方形栅栏式井盖盖住了。猫，无论几只，都不可能将井盖掀开。

早上，我告诉长水，务必跟着我，看我的行动。同时，叮嘱方块，一定要盯住小帅，机会一来，拖着小帅就走。方块对我的信任是绝对的，只是长水对我的计划依然存有疑虑。

我的计划是用人帮忙打开井盖。人，当然是男主人或者女主人。等他们清扫猫舍的时候，我会冲上去，抢夺他们手里的钥匙、手表或者其他重要物件，直接扔进井盖里。他们最多打我一顿，但一定会自己打开井盖。

早饭的时间到了，男主人和女主人一起出来了。两人穿着崭新的衣服，挽着胳膊。这是要出门吗？要是下午回来，或者和故宫的人一起回来，那就迟了。

男主人扯着嗓子喊道："三儿，快点起来。我和你妈去医院看你大爷。你麻溜的，先把猫舍收拾一下。"

"知道了，亲爹。"一个慵懒的声音从里面传出来。

也好，只是转换一下目标。不过，这位少爷什么时候才起

来呀？

我等得着急，长水更急，不停地问我，怎么办，怎么办。小帅又开始了白天的状态，在那个地方刨土挖坑。

等了好长时间，那位大少爷才晃悠着进了院子，手里拿着扫帚和簸箕，没等上前，“哗啦”全扔在地上。从兜里拿出手机，自顾自地玩了起来。

我笑了，瞅了一眼长水。嘿，真会配合啊，那三儿正好站在井盖的边上。

我找准位置，高高跃起，扑上三儿的双手，顺势划拉几下。手机脱落。

“我的手机，死猫，弄死你。”三儿简直暴怒起来。

手机没有直接掉进下水道，翻了个跟头，正好被井盖的横栏挡住。

“噢，谢谢。哎呀，老天爷，差点泡了汤。”三儿长出一口气，弯腰要拾起来。

旁边的长水机灵劲儿来了，爪子轻轻一掀，手机便进了下水道。里面不深，现在水也不多，抢救一下还来得及。

三儿一脚踢过去，被长水躲开了。三儿连忙双手齐用，用手指勾住井盖，使劲一抬，就开了。三儿快速拿起手机，用衣服擦拭上面的水渍。“死猫，等着，一会儿看我咋收拾你。”

不等了。我示意长水和方块开始行动。长水先跳下去，钻进去。方块儿乎是咬着小帅的脖子，将小帅拉进了下水道。我是最后一个。

“完蛋，要跑！”三儿发现了，顾不得弯腰，用脚尖将井盖踢过来。

我刚跳进里面，只在一瞬间，井盖就滑落下来了。好险，就差一点，我便进不来了。

刚进来的这一段埋的是管子，不粗，仅容一只猫通过。大家首尾衔接，慢慢挪动。不管如何，总算成功了。走在前头的长水尤为兴奋，“喵喵”地吹起了口哨。

有一件事没有和大家说，就是这条下水道通向哪里，我不知道；哪一处的井盖是开着的，或是可以顶开的，我也不知道。我们拐进街道的主干道时，长水发现了这个问题，问我往哪个方向走。我摇摇头。

“这就是你的计划？”长水很郁闷。

“一半的计划。”

“那另一半呢？”

“走下去呗。”

“往哪里走？”

“水流向哪边，就往哪边走。”

“这里最终是流向大海吧，我们不会是朝着大海走吧？”

“是的。”

“天啊！”

出了街道的干道，还是管道，不过是水泥管，两只猫并排站着是没问题的。管道里已经有了水，但不多，仅流过爪面，只是味道难闻一些。

小帅在这样漆黑封闭的空间竟然清醒了，对管道两边小管道的分支充满了兴趣。

“宝宝，千万别这样钻过去，你会咬了人的屁股。”长水给小帅起了新称呼。

“为什么会有屁股让我咬？”小帅问道。

长水“扑哧”笑了。

我跟上长水，与他并道走。因为，没有比我更熟悉下水道的猫了。

“哥们儿，说实话，有几成希望从这里走出去？”

“很多。”

“多少？”

“好，我问你。我这一路走下去，有没有可能遇到井盖破裂的？”

“有。”

“有没有可能遇到井盖被偷的？”

“有。”

“有没有可能遇到管道塌方露出地面的？”

“有。”

“有没有可能遇到管道维修的？”

“有。”

“有没有可能遇到正在新建的？”

“有。”

“有没有可能男主人在前面等我们？”

“有。”

“有没有可能我们自己顶开一个？”

“有。”

“有没有可能发生地震井盖被震开的？”

“有。”

“几成希望了？”

长水大致一数，“呀，八成希望。”忽然又觉得不对，“不是这么算吧？那按你说，我们也有可能走到下水道的尽头处——大海，加上是十成？”

我哈哈大笑，“十成。”

长水也笑了，“十成。”

小帅接了一句，“你是说，有十成屁股让我们咬？”

下水道里再次传来一阵猫的笑声。

我们找了很长时间，发现这里的下水道与故宫附近的不一样。故宫那里为了保持建筑群的稳定性和安全性，每一天都有人检修、维护。所以我能轻易地进出，去找老鼠。而这里的井盖有的已经锈住，我们试图顶开一个，却白费力气。只得继续往前走。

我们应该进入了级别很高的主干道。因为管道越来越粗，空间越来越大，分支越来越多，位置越来越深。我们时刻保持着高度的敏锐性。这个时候没下雨，没有突然而至的大水。除了微弱的流水声，我们主要分辨有无施工的声音。也没有。我们终于迷路了，或者说已经分不清东南西北了。从时间和速度上看，我们应该走了很远。

庆幸的是饿肚子的问题很容易解决，几只倒霉的老鼠主动撞到枪口上来。小帅基本丧失了捕鼠的能力，和老鼠纠缠的时

间太长，就像老鼠在玩他。长水和方块的水平都不低，目测能达到贵族的水平。我捕到两只，分给小帅一只。

“我发现，你刚才提到的可能太遥远了，希望一成也没有。”长水吃掉了老鼠，又开始洗脸。

“怎么会，我们还没走完。”

“真要走到头，然后掉进大海里？”

“用不着，你看——”我指向一个岔路，“那边的墙体很新，管底的水渍不大，可能是新建的街道，或者改建的，有可能井盖很松，我们顶开它。”

“可以吗？”

“可以。”方块含着一只老鼠尾巴，很坚决地来了一句。

人家继续出发，走进那个较新的管道。没多远，便脱离了较宽的主干道，进入较窄的分支。四只猫恢复一列队形。没几步，看到了竖井。竖井的截面不大，有成人的鞋盒大小。位置应该在辅路边上，我看到了人的各种鞋子走过去。

我先跳进去，扒着砖缝向上爬，使劲用背脊去顶那个栅栏式井盖。显然力气不够。长水自告奋勇地跟进来，同时使力上顶，还是不行。

方块挤了进来。“不行了，出去，快要卡住了，这样反而使不上力气。”我的这句话说迟了，因为小帅也挤了进来。这下可好，四只猫死死地卡在一个竖井里面。

“怎么办啊，德弟，你快想想，心脏都要挤出来了。”长水很费劲地喘着粗气。

“我要撒尿——”这是添乱的小帅。

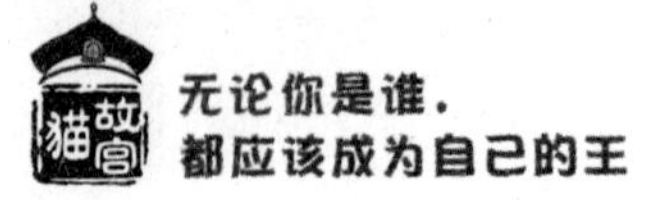


“唉，只剩下最后一招了。”我无奈地说道。

“什么？”

“救命啊！”我领头大喊。长水、方块、小帅跟着喊。当然，外面听到的是嘈杂的猫叫声。

叫声真的引起了一个女孩子的注意。她做的第一件事却是拍照，然后才叫来周围的人们，一起将井盖掀开。那女孩最先抱起傻笑的小帅。

这是一次尴尬的“越狱”。我们低头说着人们听不懂的谢谢，赶紧离开了。

# 21 关于家的问题

我们回到了黑豆他们的栖息大院。我成功地带回两只猫，是我坚信友谊不可战胜的明证。方块作为陪同，成为大家争相了解冒险经历的对象。当然，聪明的方块隐去了尴尬的遭遇，用更好的修辞美化了我的英勇。崇拜的后遗症从来离不开“马屁式”的赞美。

我很担心这个院子遭到“狗头帮”的骚扰。黑豆告诉我，他在周围见过几只流浪狗，都是路过觅食，没有攻击过这里。但我仍然担心，只要我们这群猫留在这里，与“狗头帮”的势力范围纠缠在一起，迟早会与沙皮那些狗有一次大战，到时候胜少败多，损失不单单是离开这里的问题了。

黑豆同意我的观点。于是，进一步加强了院子的防卫。动用了所有的猫的力量，用一辆废弃的电动自行车堵住那个缝隙。同时，每天 24 小时六岗轮换，每岗两猫，确保能够及时发现狗或者来此的人，以及时做好应对。还有，派出十多只成年猫，在附近的库房、商店巡卫，寻找老鼠的踪迹，得到了部分店主、门卫的认可。

对黑豆的安排，我挑不出毛病。我没有做过一个群体的首领，统一筹划、通盘考虑的能力不见得比黑豆强。我问了黑豆将来的打算，他只是忧虑重重，并没有太明确的想法。我说出在爱心收容所听到的关于“猫园”的消息，黑豆对此表现出了很大兴趣，觉得家要稳定平安才是好的。

就这样，我在这里待了两天，所有时间都是和黑豆一起印证迁往“猫园”的可行性。本来，我想离开，带着小帅和长水。小帅在这里得到平等的对待，没有被歧视，没有被虐待，不管是否因为我的原因，总之小帅的心情好了许多，每天和这里的猫们做一些别的事情，不再独自发傻，发呆。

长水的事情，我必须给钢王一个交代，回不回去那是长水自己的事情。长水对“故宫”两个字相当排斥，极其不愿意谈及他伤人离开的经历。我虽不介意长时间逗留在这里，但被一件事绊住，也是很难受的事情。我决定找长水好好谈一谈。

我找到长水的时候，他正陪着一位漂亮的短毛母猫整理垃圾，不过更多的时候是很有风度地洗脸，或者抖动一下自己卷起的耳朵。长水和我同岁，对我所表现出来的长辈论调嗤之以鼻。其实，我对自己的絮絮叨叨也倍感无聊。

“说够了吧？我可听够了。”长水用爪子梳理胡须，“你根本不了解故宫，不了解钢王，别看你有个牌子，但那个牌子是我的。你可能知道，钢王把我当作他的传人，意思是接他的班。”这个我不知道，但既然激起了长水的谈性，我就要做个安静的听众。

“我也很高兴，成为故宫猫的首领，梦寐以求啊。但是，我不知道，成为一只真正的故宫猫是要付出代价的，钢王没有告诉过我，欺骗了我。当然，我越来越讨厌的是，那里的规矩越来越多。你可不要说你喜欢。”我当然不喜欢，所以才出来。这点和长水是惺惺相惜的。

“对，刚才你也说，猫也有家，大家，小家，都好。我也希望有。我还希望我的家我做主。我更希望，我的家有传承，让我的后代能够知道家的历史，带着骄傲和自豪活着。”我承认，在故宫长大的，见识不凡，水平不低。唉，但跟我有关系吗？

“算了，不说了。去就去。我只答应你，和他见一面。反正无所谓。行了，啥时候走，你叫我。你先离开，我正忙着呢。”长水的“嘚啵嘚”如臭塑料袋一般，漫天舞动又多又臭，似乎不给我还嘴的机会。答应是答应了，倒像要我领情似的。长水又擦了一下唾沫星子，小步凑到那母猫跟前。

我找到黑豆，说明情况。黑豆希望我能快点办完事情，然后和他一起去一次“猫园”，现场考察一下“猫园”的情况。我当然答应，只是要求黑豆帮我继续照顾小帅两天。

小帅的依赖性开始减弱，两天来几乎没有和我在一起，自由自在地体会着流浪猫的乐趣。听说我要暂时离开，小帅只说了一句话，“放心吧，我总会想明白，猫为什么是猫？”这句话让我有点不放心了。

我和长水是在晚上离开大院的，这样会避开不必要的麻烦。到了后半夜，顺利地到了故宫北门。长水坚持不踏进故宫一步。我只好将他领到北门广场的城墙下面，让他等我，我自己进宫找钢王。

无巧不成书。巧遇自然就少了啰嗦的铺垫。钢王很及时地出现在了墙头上。用不着我打招呼，钢王花翎式的耳朵听到了长水的执拗。我站在长水旁边，看长水不屈服的眼神攻击过去，并体会着钢王岿然不动散发出来的杀气。师徒两个的较劲，千万莫伤及我这个无辜。

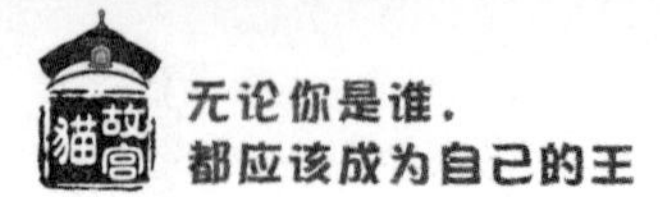


让我没想到的是，钢王不是从里面走出来，而是直接从城墙上跳了下来。说实话，即使有刀子逼着我，我也不会从十几米高的城墙上跳下来，而钢王却跳下来了。钢王很突然地跳起，身子忽地展开，如同风筝带动花翎般乱颤。他跳到城墙下面邻近的一根路灯架上，一转身，又跳到直立的墙壁上，再一转，没有任何狼狈的姿态，稳稳地落在地面上。

我不由想到：风采如钢王，才是猫英雄。

钢王走到我的跟前，低沉地说道："很好，谢谢。"

一旁的长水冷笑道："既然你看好了他，何必又找我？"

钢王对于这个徒弟似乎极有耐心，没有生气，缓声说道："一样吗？他不适合这里。"

"别，千万别，我更不适合。"长水的每个字都有刺。

"你是在这里长大的，怎么会不适合？你已经很适合了，不过就差那一步。那一步是故宫猫必须要接受的，不是耻辱，是一种荣誉。"钢王语调不变。很难想象，钢王说服一只猫，是用嘴和声细语地说，而不是用爪子。

"嘿嘿，当时是那一步。现在不行了，已经是好几步了。"长水有点嘲笑的语气，"德弟已经到那一步了，找他吧。"

钢王淡定地说："他没有。"

"没有？"长水有点惊讶。我更惊讶，我怎么就那一步了，那一步是什么，怎么走的？我一头雾水。

"那一步——"我弱弱地问道。

"唉，那一步就是——"长水叹着气。

"住嘴。"钢王语气突然严厉，"你不要用你那冷漠的态

度来对待故宫神圣的规矩。”

我有点明白。为什么问过很多猫，却没有猫告诉我长水离开的具体原因。原来，是因为“那一步”。“那一步”可能是很多故宫猫都必须经历的一步，没成为真正的故宫猫，无法知道其中的具体内容。这和钢王的严令有关，也和故宫猫莫名其妙的自尊有关。

“故宫猫的历史已经有几百年，无论是过去和现在，它的传承早就融入到人类的文明之中。所以，服从这里的规矩，是历史总结的经验，是正确而又科学的。”钢王语重心长啊。

长水伸出舌头舔弄着前爪，用不在乎的态度回应着。

“这里是你的家，你应该留在这里。天大地大何处都是我家，是流浪猫不自量力的鬼话，一只猫能在人的世界里留下响亮的名字，才是真正的传奇。”

钢王这句话有点伤我。“等等，别扯我。还有，流浪猫从来不说鬼话，原话是，天大地大，自由自在，何处都是我家——”我见到钢王冷冷的眼神杀过来，赶紧住嘴。

“猫就是猫，何必在乎人的纪念。”长水丝毫不惧，“我在乎我的故事被我的同类记住，被我的后代记住。当然，你可以不在乎。”

我不懂这句话对钢王有什么杀伤力，但看到钢王没有反驳，甚至低头不语。三只猫之间的空气似乎冷却下来了。

“师傅，”长水似乎想缓和一下气氛，“谢谢你对我的关心。那一步真的对我影响很大。其实，一直生活在宫里，我根本不知道那一步的意义。我伤人，是因为人和你决定了一件我自己毫不知情的事。这伤害了我，我才决定离开。至于家，什么是家，我想我喜欢在的地方就是家吧。”

钢王依然没有答话，但似乎被长水说动，扭头看向我。我心里一惊，不会拿我出气吧。

“我什么意见也没有，你们继续。”我连忙说道，“这个牌子我随时可以摘下来，给谁都行。那一步，这一步的，我也不想知道。”

钢王见我语无伦次，目光很快缓和下来，说道：“谢谢你帮我把长水找回来。”

我忙客气地回答：“不用，你刚才说过了。”

“我告诉你两件事。”钢王极其严肃地看着我，“第一件事，雪梨死了，前天的事情，昨天埋在了玉兰树林里。”

我对雪梨的去世早有心理准备，但还是悲从中来，毕竟她是老 K 的挚爱，对我这个小辈也是宠爱有加。

“雪梨留了话给你，说雨花阁顶层横梁藏了一件东西，是老 K 留给她的，现在留给你，希望你好好保存。”

我点着头。既然是老 K 留下来的，肯定是很有意义的物件，留给我算是一点念想吧。

“第二件事，那只叫无双的临清白猫，找过你几次。”

我心里激动不已。无双找过我，多么令人温暖的事情啊。

“今天上午，她的主人去过管理处，无双不见了。”

无双失踪了？我一下子从雨雾浩渺的天上掉到冷冰冰的地上。无双怎么失踪了？

我似乎控制不住自己的身体，急急跑向故宫。

# 22 远在天边

进了故宫，我才清醒过来。无双为什么会失踪呢？她会去哪里呢，还是被人抱走了？

今晚，天上弯月如钩，浮游在星河之上。冷淡的光辉不是很明亮，但也照得整个故宫一片银光，并勾勒出每座宫殿的轮廓。

我第一次选择在宫墙的脊背上行走，让自己的影子划动着宫殿的寂静。

有猫从暗处叫我的名字，我“喵”的一声回应。

多日不见的故宫还是那么幽深，多日不见的猫们似乎对我多了几分热情。

我漫无目的地走着。我憧憬着会出现什么意外，甚至希望无双会从某个角落冲出来，深情地望着我，叫我。

无双会不会在玉兰树林，在那里缅怀雪梨？应该不能，她的主人既然找到了管理处，也能找遍整个故宫。我的幻想是多余，猜想更是多余的。她会不会平时躲起来，晚上去那里等我回来？希望更坚定一些，也很难啊。

我还是去了御花园，看着这里熟悉的一切是否藏着一个熟悉的身影。

“喵——”很粗暴的叫声响在我耳边。我吓了一跳，毛发都立了起来。

“哈哈，我吓到你了。你看，我的厉害果然厉害。”是猫五，故作狰狞地埋伏在一侧。“知道你会回来的，所以每天后半夜，我都会来这里。”猫五很得意自己的高明。

我笑了，有点勉强，但心里也很高兴，心情不好时遇到一位朋友。

我一边随意询问猫五最近的生活，一边走进玉兰树林。无双不可能在这里，否则猫五怎会有闲心吓唬我。

月光下的玉兰树更显清冷。花朵已经凋落，长出了嫩嫩的叶子，焕发出茂盛的生机。凋落的花瓣地面没留存下一片，树下纤细的草叶抚弄着我的脚趾。

埋葬老K的旁边，一棵树上新添了一个金牌。我知道这是雪梨的。下面的泥土还未长出新草。

猫五走进此地，神情肃穆。

我低头，亲吻那片泥土。雪梨，安息吧。这一生，你等到了你的王。一座城市可能不记得你，但一座宫殿却留下了你；一只老猫曾经抛弃了你，但现在却永远陪着你。雪梨啊，这片玉兰树因为你，会更显高贵、典雅。

我又看了一眼老K。老家伙，你该知足了，用十几年的孤独换来一生的原谅，希望你在天上对雪梨好一些。

猫五在一边低声呢喃，像是祷告，又像是自语：前辈安息，保佑猫五，不甜不苦，快乐知足……

“说什么呢？”我见猫五嘟囔着说完，问道。

“没有。”猫五一笑，“你说，作为一只猫，能够埋在这里，是多么荣幸和骄傲的事情啊。”

“死了，还有什么荣幸和骄傲的。”

“有啊。至少让自己的荣幸和骄傲在活着的猫的心中传承。唉，我这样的，死八遍也不可能埋在这里。”猫五摇着头。

我不理会猫五的疯话，叫上猫五跳上一间亭子闲聊。

猫五可能因为我不在憋得够呛，开始毫无遮拦地说话。从贵族到雪鞋，再到小花，捋了一遍。

我有点想小花，多问了几句。猫五告诉我，小花也很想我，甚至有一次偷偷出宫，差点进不来，还是罗汉出去接进来的。

猫五说着说着，话题就跑远了，告诉我现在宫中流传着一个不好的说法。说今年是猫的霉运年，现在接连埋了两只金牌老猫，罗汉身体也不好，你和长水很有前途的却接连出宫，都怕今年会出什么大事。

我低声骂道：“无聊，怎么信这个？不会的，做好自己的事情就行了。”

猫五唉声叹气。

其实，我一直想知道无双的事情，本以为猫五很快会说到，可是这个大嘴巴却只字未提。

天快亮了，猫五忽然说道：“还有一件大事，忘了说了，无双不见了，让很多猫伤心。”

终于说到正事了。“为什么不见了？”

“不知道，有的说可能被抱走了。罗汉说过，无双是一只山东临清猫，很珍贵的，特别值钱。”

我的心很疼。如果真是被人抱走，以现在的交通方式，那可真是远在天边了。我的无双啊！

“唉，多漂亮的猫。可惜了。对了，她还跟我问过你的事。唉，我回答她的问话，都觉得是一种幸福。”

问过我的事？钢王也说，无双失踪前打听过我，难道无双的失踪和我有关？也就是说，无双如果没有被人抱走，有可能去找我？

我腾地从亭子上站起来，吓得猫五哆嗦了一下。

找我，找我？如果真的去找我，会去哪里呢？我不由得向北望去。

我知道了。很有可能，她就在那里。我“嗖”地从亭子上跳下来，不理会猫五在后面叫我，快步奔向北门。

长水从一棵树后跳出来，拦住了我。钢王走了。

“你怎么才出来？”

“你还没走？”我没时间和长水说太多，绕过长水，继续奔跑。

“我去哪儿啊？你把我带出来，不等你等谁。”长水疾步跟上，“德哥啊，你等等我。”

“你等我干吗？”

“干吗，跟着你混呗。”

得，我又多了个尾巴。我不说话。任何废话只会影响我的速度。我想尽快确定，无双是不是在等我。

我跨过街道，翻过围墙，很快看到了月光下耸立的景山。

“这是哪里？不错的地方。”

“我的家。”

我缓步接近亭子，发现每一步都很轻快，轻快到控制不住

自己的姿态。我的心跳得厉害，觉得心脏似乎要摆脱地心引力的控制。

万春亭就在眼前，映照的月光格外晃眼。我不知道自己还能不能跳到亭子上。我在地上来回转圈，让自己平静下来。

“哥，你干吗？病了，疯了？”凑热闹的长水问。

我爬上一棵树，借力跳到亭子的檐脊上。我慢慢走近小窝的洞口。我闻到了一丝永远挥之不去的气息。

我走进去。一只毛发如雪的猫正优雅地睡在那里。

窝似乎不再是我的窝，完全是另外的情景。所有的地面铺满了干净的草丝和风干的花瓣，没有任何多余的东西影响这里的美。如此和谐，如此平静，如此温馨。

我不忍再靠前，怕惊醒她。看她甜美的样子，此时也许正做着一个绮丽的梦。我怎么舍得打断一只心爱的猫的美梦呢？

“咦，这是谁？”长水不合时宜地出现，让我十分生气。我盯着长水出了小窝，站在檐角上，示意他不要做声。

“哈哈，我说呢，你怎么这个样子，像是吃了一百只老鼠，撑得坐立不安。哈哈。”长水表现出很理解的样子。

我要他噤声。长水猥琐地笑着。两只猫就这样站着，看天色渐亮，看红彤彤的太阳照着辉煌的宫殿。

长水禁不起如此无聊，笑着跳下亭子，说是要在附近找一个自己的家。

“你回来了。”一句清脆的话语从身后传过来。

我扭头，看见无双含羞带笑，婀娜地走出小窝，看着我。

“你好。”我自己都没有想到，自己的第一句话如此蹩脚。

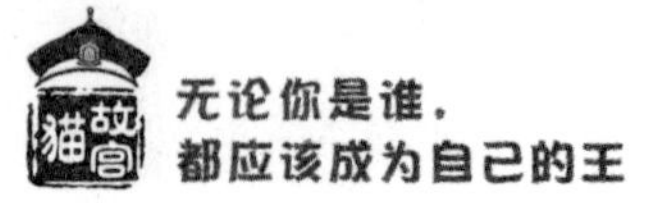


无双低头，忍着笑意。

我无所适从。连自己的尾巴都无法控制：是放下好，还是举起好；是向右摆，还是向左摆。

无双靠近我，美丽的毛发挨住我的毛发。可能是静电原因，毛发们竟然纠缠起来。老K讲过，科学的存在是猫也避免不了的。

“没想到，你这里这样美。我好喜欢这里。”无双望着美丽的日出。

我没有回头，但能感觉到，无双的尾巴勾住了我的尾巴。

从现在开始，我终于要掀开幸福的帷幕。

和无双一起看日出日落，朝霞如歌，晚霞如梦，将每一分、每一秒都织绘得绚烂无比，让时间成为最有容量的容器，里面是满满的美好和美妙。

一起在湖边漫步，一起在白塔绕行，一起在古槐上攀爬，从瞳孔里看到的风景，到风景充盈整个瞳孔，刚刚茂盛起来的初夏牢牢地系住我们的身影。

我没有在乎人的施舍，只要能用同情交换的就放在无双的爪下。无双却比我更在乎我的自尊，更喜欢我在下水道的厨房，更乐意与我一起穿过危机重重的小巷。

我曾想过，是否把一位公主的好奇当作好感，是否把她一时的冲动当作一世的执着，是否让自己的双眼蒙蔽了自己的内心。问题的答案，在无双不变的微笑里，即使她华美的毛发上沾满了灰尘。

我想，我是幸福的。正如无双和我说的，她是快乐的。

我们幸福快乐地度过了三天。

# 23 立交桥风波

第四天，长水站在万春亭的一根柱子旁，拦住了要去游玩的我和无双。他后面，还有三只猫，黑豆、小帅和方块。

“收收心吧，你的历史重任还没完成呢。”长水潇洒地抹着脸。我很讨厌他这个姿势。他却很喜欢展现给别的猫看，尤其是漂亮的母猫。

我知道长水说的是哪件事。即使这两天高兴得忘了，看到黑豆也想起来了——我们约好的，一起去考察“猫园”的情况。我很难在这个时候，下这样的决心。

黑豆四只猫依次上来，和无双打招呼。无双笑着一一回应。除了小帅，都很拘谨。

小帅没有让我难堪，站在最后，收敛了许多莫名其妙的肢体语言，表现出与我很熟悉的样子，大大方方地来了一句：“德弟，祝愿你早生贵子，节日快乐。”

一旁的长水再也憋不住，撒着欢儿似的手舞足蹈，忘乎所以。无双低头大笑。我则气得说不出话来。肯定是长水这个家伙唆使的。

黑豆为了化解我的尴尬，很严肃地询问我去考察的事情。没等我回答，无双表现出极大的兴趣，直直地看着我。那眼神

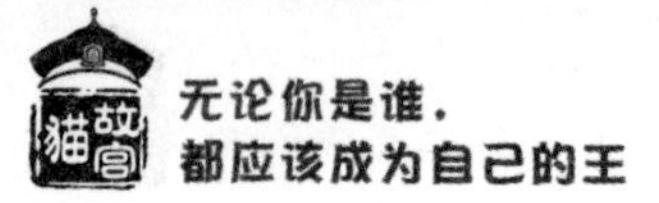


再清楚不过：我要去，一起去。

也好，把她一只猫留在这里，我不放心。没有流浪经验的猫，是无法很好地在流浪猫的家生活的。路上可能会遇到一些危险，但有我在，应该能够保证她的安全。

说走就走。不像人那样，需要准备太多的行李，对于猫来说，有嘴和锋利的爪子，就没有去不了的地方。这次，还有一名曾经去过的向导，自然要轻松一点。

“节日快……”讨厌的长水跟在我身后，故意夸张地拉着高调，我后腿一蹬，踢过去，便将那个“乐”字踢没了。打打闹闹的气氛让无双和大家亲切起来，时不时地和大家说着话。

因为是白天出发，所以尽量避开主要街道和商业区。方块很小心，多绕了几个圈，尤其是在可能遇到狗的地方。方块反复叮嘱，我们不是来打架的，当然少一点麻烦最好。最后，大家很顺利地穿过了“狗头帮”的势力范围。

由于是往城外走，车辆和行人明显减少，能够阻挠我们的执法人员也没有遇到。无双异常兴奋，甚至有时走到方块的前面，直到被方块叫回，才改变错误的路线。

沿线的风景我没见过，也不在意。我紧紧盯着无双，看她的一笑一颦，觉得所有的风景都不如她。有时，走累了，无双靠近我，偶尔聊聊她的故事。

在故宫的时候，我了解了一些无双的情况。很简单，就是在主人家长大的，从没有离开过主人的视线，一直住在一处山间别墅，后来才来到故宫。所以，她的故事更多的是生活中的细节小事，什么玩泡沫、滚线球，等等。我对此没兴趣，但有兴趣听她说。

其实，这次出来，我不用为路线担忧，不用为危机着急，更期待是一次旅行，不考虑生存和活着，只考虑两只猫的快乐和开心。

难题还是有的。方块站到了一座大桥跟前，踌躇不前。六只猫整齐地站在辅路的水泥台上，遥遥望去。

我从没有见过这样的大桥。数十条扭曲的桥梁交叉在一起，或高或低，有的盘旋而上，有的顺势而下，从这头看过去，根本看不到出路的方向。这水泥彩虹宛如迷宫一般，将猫的空间思维激发到了极致。

“我们不能直接穿过去吗？”黑豆的思维很直接。

“这叫立交桥。也许我们可以绕过去，但穿过去的危险很大，有无数的护栏、汽车。”无双见多识广。

“绕过去，我就不记得路了。”方块发愁地说。

长水不以为然，“那就走呗。”

方块吐了一口气，“走也危险，你看，现在正是高峰期，车子一个挨着一个。我的建议是，大家都站到水泥护栏上，沿着护栏走，以我们猫的技能没问题，这样能躲开车辆。”

我赞成方块的建议，并安排好顺序，方块第一，然后是黑豆、小帅、长水和无双，最后是我。方块自信于他的记忆能力，让大家放心。这种不靠气味而靠视觉的记忆，在猫群中已经出类拔萃了。

站到护栏上，御风而行，也只有猫能这样潇洒。六只猫中，只有小帅差一些，所以把他放在黑豆和长水的中间。

越走越高，看得也越远、越广。立交桥的全貌渐渐展露出来，四通八达，仿佛是在一起叠罗汉的章鱼。从上往下看，层次分明，比得过故宫所有的楼阁，流动的车辆更是动感十足。我们走过了最高点。但下行比上行难多了。路上的车辆上行似乎都很小心，低速行驶。到了下行，则开始加速，穿过数不清的岔口和路标。也有多事的司机，见到我们鱼贯而行，纷纷摇下玻璃，有拍照的，有吹口哨的，甚至还有扔出糖果的，试图将我们弹落下去。

我开始担心。这么高，摔下去，必死无疑。果然，最先体力不支的是小帅，身子开始摇晃起来。加上人的逗弄，小帅很难集中注意力坚持下去了。可是现在没有休息的地方和时间，只能走下去。

不好，小帅后肢踩空，身子向外倒去。敏捷的长水不负众望，跳过去，身子却是向里，前爪搂住小帅的脖子，滚向桥里的路面。好险啊。大家都惊得毛发竖立。

危险！一辆车子疾驰过来，眼看就要撞到路面上的小帅。

“哧——”急刹车的声音。车子的轮胎已经挨住了小帅的尾巴。

接着，又是“咣当、咣当”连续的声响，后面急行的车辆前后相撞。最前面的车子又被撞了一下，将发呆的小帅前顶一步。

小帅没事。滚了一下站起来，后退一下，傻笑着。

一个女孩从驾驶室的窗户探出头来，回头和车里的说了一句，“嘿，小家伙没事。”

后面车子里的司机都下来了，走到前面，怒气冲冲地质问道：“什么情况，停什么车？”

“呦，女司机。大姐，你这是怎么个意思？”

“有驾照吗，你？教练是教语文的吧。”

“倒霉，我这个车可是刚提的。”

……

“你没看见前面有一只猫吗？”女司机摘下墨镜，大声说道。

“猫？大姐，你这宝马比猫贵多了吧？跟您说，这责任可是你的。”

“猫怎么了？你压过去，交警还能抓你逃逸啊？”

“真有病，你为一只猫，让六辆车连环相撞。嘿嘿，法规可没有这一条。”

“就是，嘿，等着处理她吧。”

……

女孩一下子火了，打开车门出来，朝那群人嚷道：“你们是人吗，都是人吗？猫也是一条命……”

我们都从护栏上跳了下来。

车子在这里堵住了，前面的路没有车了。

“走吧。”我推着小帅往下跑。

“嘿，这群死猫——”一个很粗暴的声音传过来，紧跟着，是三只皮鞋砸过来，有一只险些砸到无双。

我叼起那只鞋跳上护栏，一松嘴，扔了下去，正好掉在下层的一辆小货车上。嘿，去哪里找鞋你都不知道。

“嘿，你看我这爆脾气——”

我连头都没回，敦促大家赶紧离开。方块已经跑出了一段，

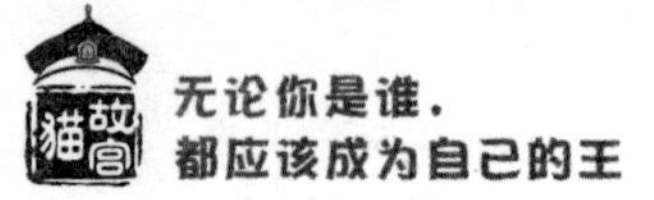


大家紧紧相随，很快就离开了那伙人的视线。

人啊人，别跟猫一般见识。当然，有爱的人知道，猫很温柔。

大家似乎都受到这个小风波的影响。一边跑着，一边张望，纷纷议论着，希望回来时选择其他的路。

小帅一句话也不说。我们当中和人在一起的时间，小帅最长，无双都比不了。小帅自从失去了主人，失去了家，对人的思念达到了发癫的程度，反之对猫的归属感越来越差。

今天这件事多少给了小帅一点刺激。从他的主人，到爱心收容所的主人，再到刚才那个女孩，他享受到的是阳光，从没有看到人性的另一面。也许，今天，他会从这一面，认识到什么才是真正的猫。

下了立交桥，路好走多了。大家穿梭在路旁的绿荫和花丛之间，嬉戏打闹。此时，无双更像一位公主，被大家簇拥着，花瓣和草叶像雨一般，撒向优雅的无双。

方块又准确地瞄准一辆缓慢的顺风车——一辆拉满货物的皮卡。还是比我们走路快一些。走了一段，换上一辆空的三轮车。

慢慢的，我们看到了大山，看到了田野，看到了美丽的大自然。

# 24“猫园”的赵先生

黑龙沟不是一条沟，准确一点说，应该是两座山之间的一条山谷。谷口狭窄，山门是座牌楼，古朴简洁；往里宽阔许多，一边地势较平，建好了各式各样的具有童话色彩的小建筑；另一边陡峭一些，一座三层的小楼连着几栋独体的平房。

园子里没有特殊的景致，唯有植被茂盛，偶尔也会有几块奇形怪状的山石探出头来。总体上看面积不小，尤其是远一点似乎与山脉相连，显得空间广袤开阔。我有点喜欢这个地方。

忙碌的员工们根本没有注意到我们，自顾自干着自己手中的活。每一处都是一幅热火朝天的场面。这种氛围很容易让我们产生联想，一座漂亮整洁的院子很快就会呈现在眼前似的。没有一位闲逛的游客，看来，我们算是第一批。

不，树荫下也趴着几只猫，较深的林子里更多，形形色色，种类繁多。他们才是这里的第一批。可能陌生的环境增加了各自的戒备，这些猫之间保持着安全的距离。没有猫过来打招呼，我们也没有过去的想法。

此时，已近黄昏，穿过枝叶的光线，拉扯着每一处富有生机的颜色，与鸟鸣、云霭，在这个清爽的空间里交织着。

大家穿行在林间，感受着清新的空气。当看到那些更适合

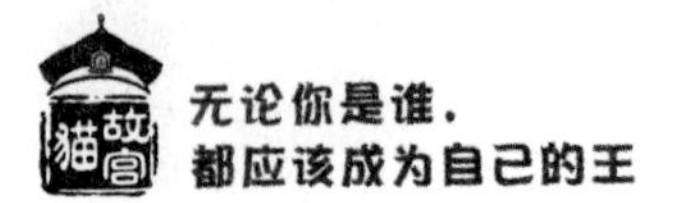


猫攀登、嬉闹的设施时，都不由得升起亲近之感。不说这里的猫之间会建立怎样的关系，但凭创建者细节上的考虑就值得猫们信赖。

有人敲起钟，声音很悠远，回荡在每一片叶子上、草尖上。见到猫们都朝向一个方向走去，我建议大家跟着去看看，到底发生了什么。

没走多远，就在一处空地上看见了一位熟人。是那天光顾爱心收容所的赵先生，正扶着眼镜，仔细清点围着食槽的猫。

“咦？”赵先生看到了我，脸上有点疑惑。他走近一些，蹲下身子，看着我的牌子，“哈哈，0419，老朋友了。”他真诚地笑着，“呦，厉害啊，能找到这里来，还带着一群朋友。快，去吃点东西吧。”

大家都饿坏了，黑豆、方块、小帅、长水没等赵先生说这句话，就已经挤进了猫群，唯有无双悄悄地站在我身边。

“呀，极品的山东临清猫。”赵先生惊讶地打量着无双，“好，好，好。”说完，从手袋里掏出一把猫粮放在无双和我的脚边。

无双喵了一声，看我一眼，才低头吃食。我望着赵先生没有吃。不只是尊重，更多的是这次见面让我对赵先生产生了说不清的亲切感。

“吃吧，孩子。”赵先生一屁股坐在地上，抚摸着我的头。他竟然叫我孩子。我是一只猫，他却用人的定义来称呼我。我心里涌出一阵阵暖意，不由得想起了老 K。

我低头慢慢吃食。

“看来，故宫猫和我蛮有缘的。”赵先生话里似乎透着感

叹，“多少年了，许多东西都变了。记忆是件好东西啊，你在意的美好永远不会变。”

赵先生拨拉一下猫粮，让猫粮更靠近我的嘴边。“孩子，你的前辈里有一个也是我的孩子，他是我最喜欢的一只猫，非常聪明，所以我把他送给了我最喜欢的一个人。遗憾的是，人早早地就没了，猫也在前一段也没了。老K啊老K，我起的这个名字，现在只有我还念在嘴边。”

我停下来，“喵”叫着，在地上用爪子划出一个“K”字。

“呀，好小子，你能听懂我的话？”赵先生几乎是用“趴”的姿势看那个字，“你认识老K啊。哈哈，很好，真是人生何处不相逢啊。哈哈，是猫生，猫生何处不相逢。”

赵先生兴奋起来，坐好，抱着手，说道：“孩子，我是搞动物学研究的，对猫尤其喜欢。以前，工作很多。现在，退休了，做些自己喜欢的。”

“你可能不知道，老K是我养的第一只猫生下的，但这猫妈妈死掉了，我留下了老K，他的兄弟们都送给了我的朋友、同事。老K和我在一起的时间并不长，但特喜欢和我腻在一起。我那时在农村调研，也带着他。

“在农村时，我睡热土炕，由于不习惯，常常半夜流鼻血。好几次，我早上都是被他弄醒的，他正舔我脸上的血迹。还有一次，小家伙竟然把一只吃剩下的老鼠放在了我的裤筒里，吓得我每天早起第一件事就是检查裤子。哈哈。”

其实，我不能完全理解赵先生的话，尤其是他语速一快，我就听了那句，忘了这句。还好，赵先生把我当作了可以倾述的知己。我只需要听就好。

“后来，我遇到了她。也就是老 K 的最后一个主人。她很有文化，特别精通历史、文学，对文物考据也有自己的独到之处。因为她是世家，家里人都在故宫任职，所以她也常去帮助处理一些工作。这一生，能认识她，是我最大的荣幸。

“就像徐志摩说的，得之，我幸；失之，我命。面对一个如此优秀的姑娘，我没有奢望爱情会眷顾我。我见她喜欢，便把老 K 送给了她。老 K 这坏小子，更喜欢和她在一起。有时看见她练着书法，老 K 在一旁捣乱，我羡慕极了，恨不得和老 K 换换。”

我很明确的一件事是，老 K 常说的主人是个女人，而不是我平常所理解的男人。还有，赵先生描述的“她”和老 K 提到的“他”，虽有相似的地方，但出入也不小。我怀疑，这可能是年老的老 K 的问题。

“唉，老天也是善妒的。她正是风华正茂的时候，却被检查出了绝症。现在，我常想，要是她没有绝症，会不会嫁给我？我想不明白，她如此坚决地拒绝我，会不会只是因为她得了绝症？

“老 K 比我有勇气，他选择了留在故宫。而我再也没有去过故宫。那里的玉兰树埋着她的心愿。有一次聚会，她说：如果你相信快乐，快乐就在你手心里；如果你相信幸福，幸福就在你手心里；如果你相信永远，永远就在你手心里。我相信。”

赵先生老泪纵横。也许，在一群猫中间，没有人关注，所以眼泪流得无拘无束，更能深入翻看埋在内心的东西。

“她给我留下一封信，信里有一首她写过的诗。”赵先生望着落日，低声吟道：“既然鲜花开遍，汗水浇灌了信念，我愿抛弃星光璀璨，换你破晓的明天。”

无双不懂赵先生的话，但似乎被赵先生的情绪感染，歪着脑袋，依偎在我的身侧。

“哈哈，我这是怎么了？”赵先生站起身来，拍着屁股上的土，“老了，老了，还说这些过去的陈年旧事。哈哈，孩子啊，你懂也好，不懂也罢，一定要记住，美好的东西一定要记住，否则一旦失去，就只有回忆了。”

赵先生笑着喊道：“走吧，孩子，带你参观参观新家。”这话是跟我说的。但是，所有的猫都很主动地跟在他的身后。黄昏，林间，一个老人和一群猫，这是怎样一幅令人遐想的画面啊！

那一晚，我们住进了崭新的猫舍，松木板的味道还没有散去，正好为猫的美梦添加丝丝香气。

“猫园”真是个让猫流连忘返的地方，别说黑豆他们表现出了满足感，就连我都觉得，天堂也不过如此。没有谁提出返回的意见，虽然都知道需要动员所有的猫来这里，但大家还是想多停留一刻。

善于打探消息的长水告诉我，这些猫有一半是赵先生从全国各地收集过来的，其中不乏名种，剩下的一半，有的是赠送的，有的是从收容所收购的，也有的是附近的流浪猫自己来的。猫之间也渐渐熟稔起来，只除了那些自认为是王子和公主的猫。

最让我振奋的是，我带着无双爬了一次大山，比景山高很多的大山。我不知道这座山的名字。当我站在最高处，望向远处翻滚的云海，才觉得我比山更高。名字无关紧要，能够领略事物的渺小，明白什么是伟大，才更有意义。

无双更喜欢在野地里嬉闹，从这儿跑到那儿，撞落几个花瓣，踩断几片草叶，或者疯一样地跳跃着，捉弄飞舞的花蝴蝶。

我终于看到无双快乐的本心。

长水如鱼得水，钻在猫群中，问东问西。只是难为了小帅，成了长水的跟班，跟在长水的屁股后面，思索并印证着自己的猫生哲学。黑豆和方块还算尽责，查看整个院子的情况，开始计划猫们的迁徙方案。

这样过了两天，大家决定返回。我在吃早餐时见到赵先生。

与前两天不同，今天的赵先生心情极好，走到无双面前，拿出一枚心形的铜牌，“嘿嘿，你看。我都以为找不到了。这可是几十年前的东西，送给老K一个，这个送给你，小姑娘。”赵先生把牌子套在无双的脖子上。

我从没有见过老K有这样的牌子，也没有听他说过。我见赵先生如此郑重，心想牌子必定珍贵。

赵先生看不出我们要走的样子，所以没再说别的，转身离开了。

没和赵先生打招呼，我们就悄悄离开了“猫园”。大家心里都想，很快会再来，有什么需要打招呼的。

我们往回走，目标明确，就不急了，细细地品味着沿路的风光。按照计划，没有走来时的路，而是尝试摸索更安全、更便捷的方案，努力为下次大迁徙做足准备。

虽然时间比来时长一些，但路上倒是平安无事。这次考察比较圆满，更圆满的是，我陪着无双度过了她从未体验过的一段流浪猫时光。

下午，西直门立交桥被我们抛到了身后。

# 25 遭遇战和突围

进入主城区，路过一栋大厦。我觉得有点眼熟，这个地方以前似乎来过。

“这里离丁香胡同不远。”方块说，并紧张地看着四周。

我说呢，原来是到了“狗头帮”的势力范围，怪不得刚才见到一条狗远远地跟着。如果猜，也能知道狗的大部队就在附近，否则没有必要跟着不放。真是怕啥来啥。

这次遭遇，我们失去了先机，又被算计，以无心对有心，胜少败多啊。先跑吧。我低声安排，让大家假装没有看到狗，向大厦后面转移，找个出路，快速离开这一带。

没想到，跟踪的不是一条狗，而是多条狗。正准备从这个路口走，便露出一个狗头；拐过去，上另外一个路口，又会露出一个狗头。我们只能避开，选择没有狗拦路的地方走。

坏了。我恍然大悟。这群狗变聪明了，是把我们往袋子里逼啊，要是真进入他们计划好的地方，等他们布置好，全体到齐，我们可就长翅膀也跑不了了。

我见到附近有一个停车场，便带着大家拐了进去。停车场守着一条狗，没想到我们会闯进去，有点不知所措，连忙跑出去搬救兵了。

接下来，我就要好好利用一下这个“地利”。一味地躲避不是办法，只会助长“狗头帮”的嚣张气焰，最后把我们带入最不利的形势。有这个地利，就斗他一斗，打他一打。我把我的想法说给大家听。长水问，打完以后呢？我说，打完再跑。

这次不是我一个人战斗，所以战术配合更加重要。黑豆的战斗力我很清楚，长水应该也能应付。六只猫中，小帅的战斗力可以忽略不计，街头混战时只要能躲好、藏好，就算小帅的贡献；无双算半个吧，没见过母猫发飙，也知道发飙的母猫不好惹。我决定分成三个小组，黑豆和方块，长水和小帅，我和无双。大家跑的时候，三个小组分开跑，根据情况，每个小组可以再分开，成单兵模式。但要注意迂回，两只猫要预设一个点，或者两个小组要预设一点，互相关注，把握机会，然后集中进行有效的反击，成功后再分开，再迂回到另外一个点。

我怕大家没听明白我的分散合击反攻战术，便抓紧时间反复讲解，又着重强调了三点：第一，绝不与狗们纠缠死磕；第二，绝不能在攻击和分散时走直线；第三，利用地形、灵活分合。大家很认真地消化着我的战术思想。

小帅难得热血澎湃，问我：“可不可以作为诱饵，诱敌深入？”

我说：“你灵活掌握吧，关键是保存自己，打击敌人。”

小帅四肢直立，尾巴竖直，很庄重地向我行礼。

我为鼓舞士气，碰了碰小帅的前额，又先后与黑豆他们相碰。无双就免了，我提醒她，必须时刻跟着我。

停车场位于高楼之间的广场，面积很大，约停了数百辆车，整齐有序。对我们来说，绝对是个极佳的战场。

门口的狗越来越多。领头的是老相识，那只沙皮，随从的

约有二十只，但看身材，高矮胖瘦，战斗力估计也参差不齐。但狗多势重，即使是单兵能力也强于我们。

我们三组成品字形，走向门口。我低声说道："可以嚣张一点，激怒他们。"话没说完，我们的小帅走路姿势都变了，一颠一颠的，摇头晃尾，下巴都快撅到脑门上。无双没憋住，笑了。

大家接近狗们，压低身子，扩张胸骨，并让腹腔发出"呼噜"的巨响，向沙皮示威。

狗们狂叫着，龇牙咧嘴，怒目相向，得意和蔑视闪烁在尖利的牙齿上。狗们做好了准备，有的甚至把持不住，勇猛地跃出一步。

狗们以为我们会冲上去，然后爆发一阵厮杀。我们却突然转身，向三个方向跑去。狗们愣住了。刚才的架势不是要冲上来吗？沙皮最先明白过来，招呼狗们冲进停车场。

狗们明显没有做好追击的准备。三个方向的力量极其不均，有的狗意识到这一点，半路上赶紧改变方向，而有的反应更迟钝，没有接到具体的命令，不知道该怎样出击，因而略显混乱。

沙皮意图清楚，死死地盯着我，带着六条狗追向我。我带着无双，跳上车顶，后肢还没踩实，身子已经改变方向，发力跳下来，钻进车底。试图拦截我们的狗只得重新寻找机会。无双配合默契，始终不离左右。

黑豆他们表现不错，基本上达到我的预想，分散在停车场的每一个角落，将狗们以前的配合搅合得一塌糊涂。长水很辛苦，没几步便和小帅分散，一只猫吸引了八条狗，在车子的缝隙中穿梭，翻卷的耳朵上下呼扇，风度翩翩。

小帅呢？我的余光实在找不到。我示意无双与我分开，分

散追击的力量。一分开，骤然轻松不少。论逃跑，沙皮远没有我潇洒自如。我跳上一辆厢式货车，终于找到了小帅的大致位置。我只是猜测，有七八条狗围住一辆跑车狂叫。小帅应该是藏在了跑车很低的底盘下面。他成功地吸引了一支力量。哈哈，也好。这样就没有什么可担心的了。

我跳下车，站在行车道上，一下子吸引过来十几条狗。没等他们合围成功，我已钻到车底，绕过一辆黑色奥迪的车尾，开始进行反击。无双的影子刚过去，我冲过去，抱住她后面的狗，就地一滚，狠狠撞向一辆车的轮毂。无双一转身截住跟着我的狗，乘其不备，咬住了他的脖子，将他拉倒在地。没有多余的动作，我和无双赶紧起身，继续跑动。

长水刚和黑豆、方块分开，划了一道弧线朝我这边跑过来。我和无双连续跳过五辆车，跑到长水的后方，从后面冲击跟着长水的狗，我和无双各自咬住最靠后的狗的腿，顺势一拧，将其掀翻，等狗们反应过来，我则示意无双和我分开，与长水汇合。

可怜的沙皮到现在还未曾和我照面，特别恼怒。他可能发现无双和我关系密切，便转移目标，死死跟住无双。这样也好，我脱身出来，与黑豆、方块合在一处，将仍然围着跑车的狗冲击一番，暂时缓解一下里面小帅的心理负担。

整个停车场猫飞狗跳，好不热闹。

我的战术很有效，极大地消耗了对方的体力，打击了对方的士气，特别是我们的交叉反击，甚至让几只狗撞在一起，一只还晕乎乎地躺在地上起不来。

是时候给沙皮一个机会了。我决定再尝试一下单刀赴会的

战术，给沙皮一个痛击，给狗们一个震慑。我躲避着身后的狗，“喵”叫一声，发给无双一个信号。无双和长水迂回蹦跳，向我这边跑过来。

我选择直线冲锋，在最短的距离用最快的速度，冲向无双。长水没有反应过来，见我冲过去，速度忽然慢了一些，尾巴险些被狗咬中。我是从无双和长水中间冲过去的，将身子压到最低，冲向跟在无双后面的沙皮。

沙皮没想到，跑动的惯性让他想到也来不及了。我已经用坚硬的脊背顶住他的脖颈，使他的身子在失去平衡的时候滚倒在地。没等狗们回过神，我已经咬住沙皮的后腿，借助一个后空翻，又把沙皮像烙饼一样翻个身。这一下没有折断他的骨头，但足以让他起不了身。

无论是狗，还是猫，都被我这一招惊呆了。所有的追逐停了下来。停车场里回荡着沙皮的惨叫。

此时不走，更待何时？我们把小帅从底盘下面叫出来，快步跑出了停车场。

危机仍没有过去，负责跟踪的狗依旧贴在后面。看来，“狗头帮”不死心，正在组织第二次围攻。说实话，我一点应对的信心也没了，刚才的战术不可能再发挥有效作用。现在，只能想办法尽快摆脱他们。

无双帮我梳理受伤的皮毛，小帅还沉浸在兴奋之中，黑豆和长水则一味地赞美我的英勇，只有方块静静地看着我，似乎有了什么主意。

“我知道附近有一个地方。在那里，我们可以摆脱他们。这个方法，以前我曾用过。”方块说道。

好啊，实践检验过的肯定是真理。我没有理由反对一个真理。

在方块的带领下，我们进入不远的一处公园。公园地势平坦，全是疏密不匀的竹林。竹林中间有一条宽阔的河道，曲折迂回。河道上停着一艘游船。此时，游客们正三三两两地踩着船板上船。

的确是个好主意。只要我们混上船，跟着船走，就能在船靠岸后摆脱包围，即使狗们跟着船，我们也是以逸待劳，很快就能耗尽狗的耐心。我们猫的身材瘦小，藏在船舷上不成问题。狗们不行，二十几条狗根本无法上来一条。

导游在岸上等着游客。我们六只猫快速地上了船，匍匐着爬到另一侧船舷。没多长时间，船启动了。

“扑通。”有落水声。我看见方块第一个跳进河道，接着是黑豆、长水，无双也毫不犹豫地跳了下去。

“你们这是在干什么？”我心里嘣嘣跳。

方块在水中甩着头上的水珠，“游过去，我们就安全了，让那些狗盯着没有我们的船。”

无双前肢调皮地打着水花，“快点，德弟。”

“这才是你的计划？”我苦着脸对方块说道，“猫应该都不会游泳吧。”话刚出口，我就被推进了水里。

我挣扎着，四肢胡乱地拍水，看向船舷，原来是小帅这个家伙。我正要破口大骂，小帅用一个优美的姿势跳了下来，一屁股坐在我的脸上，将我坐进水底。唉，我服了，你这个呆货。

# 26 幸福为什么这么短暂

我醒来的第一眼，看见了无双那美丽的脸庞。

无双满含深情地注视着我的一举一动，似乎在努力分辨我哪里还有什么不适应或者问题。

我感觉头很沉，肚子很饱，落水时的惊悸似乎还没有完全退去。小帅，这个呆货，让我丢了大脸。

清醒一些，发现已经回到了流浪猫聚集的大院。我躺在一个破旧的木质摇椅上，身下垫着厚厚的一件羽绒服。好高档的待遇。

“谢谢你，双儿，我没事了。”我换了个姿势，长时间躺着，肌肉都酸了。

无双笑着，“我们还用谢吗？照顾你是我应该做的。要是想谢，应该谢谢小帅。”

“他？”我心生怒火，哼，一会儿用爪子谢谢他吧。

“真的。”无双说，“是小帅把你从水里救出来，而且又背着你从很远的地方走到了这里。”

小帅救的我？这呆货先害我，又救我，这账该怎么算才好？

“你不知道？小帅的水性太棒了，能在水底潜很长时间不用换气，而且他的尾巴竟然也能助力，速度比我们快多了。”

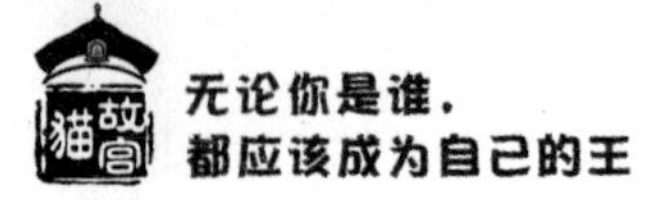


“是吗？”我不相信小帅还有这特长。

“是啊。我敢说，他是猫中游泳最好的。哈哈，当然，你是最差的。”

我尴尬地笑了笑，低头咬了一口椅子上放着的饼干，“不错，是芝麻味的耶。”

“哈哈。”无双大笑道。

院子里的猫听到我醒来的消息都过来看望。小帅像英雄一般被大家簇拥着，不好意思地走到我面前。

“谢谢你，大英雄。”我故意大声说道。

旁边知道内情的长水扑哧一声，吐出了嘴里还在咀嚼的食物。

小帅忸怩着，像只害羞的小母猫。

看到小帅这个样子，我的心也软了。有些事，我也看在眼里。比如，这次考察之行，小帅似乎有些变化，不再像从前那么沉默抑郁，能够与大家开心地沟通了。也许，对于小帅，鼓励比批评重要得多。

“嗯，谢谢你。”我有点手足无措，逼自己想出表扬的措辞，“这个，你做得很好，很好。你看，你在战斗中有效地保存实力，让自己毫发无损；在我遇到危险的时候，又救了我。这些都很好，所以，你可以做一只合格的流浪猫。”我觉得自己说完都脸红。

小帅却扬起了头，接受着大家的注视，甚至有只多情的母猫暧昧地看过来。

这时，黑豆的老婆菜花带着三只小猫挤进来。三个小家伙

见到我并不陌生，跳上椅子，在我怀里跳来跳去。我正好摆脱刚才的尴尬，与小家伙们嬉闹着，眼睛的余光却看见菜花的脖子上挂着一个心形的牌子。那是赵先生送给无双的。

等大家散去，我悄悄问无双。无双看着我，说：“我需要吗？”我一愣，随即一笑，“无双当然不需要。”然后，无双才告诉我，见菜花很喜欢这个牌子，就摘下来送给了她。

我不得不感慨。无双骨子里有和我相似的东西，都深藏着很柔软的善良。我是因为现实残酷而衍生的同情，无双则天性如此。不管哪一种，善良都是最美的，美过所有的长处。

猫们已经知道了黑豆的计划，特别是对自由、温饱的描述让猫们陷入疯狂。于是，在黑豆和方块的组织下，猫们可以通知还在外面活动的亲戚朋友，准备在选定的日子集体迁徙。

我和无双决定一起去，在那里建一个属于我们自己的安逸的家。不过，心头对于这个无比熟悉的城市，还是有些割舍不下。和无双商量了一下，想回景山一次，再看一眼辉煌的故宫，缅怀一下发生在那里的快乐或不快乐的故事。

大迁徙的日子定在一天晚上。前一天上午，我和无双暂别了黑豆他们，说好第二天下午回来与他们会合。回到景山时，正是下午最热的时候。毕竟快进入仲夏了，直射的阳光依然毫不留情地灼烧着空气中的一切。游人都打着伞，或躲在树荫下小憩。

无双走到观妙亭一旁的灌木林下，热得有点受不了了，便贴着潮湿的地面不想起来。我想去附近给她找点水喝，便叮嘱她不要走开，等我回来。

我在附近的垃圾里找到了一个空矿泉水瓶子，然后走到公园浇花的水渠旁，先跳进去，美美地洗了一个澡。水渠不深。

我咬着瓶嘴，放进水里。咕咚，咕咚，灌了大半瓶。

回到观妙亭，却看不到无双。难道无双挨不住，自己先回到万春亭了？我叼着瓶子，跑向山上，一口气也没有歇，从树上跳到亭子顶的窝里。她没在。

水瓶从我的嘴滑落下来，滚动着，甩出水沫，“咚”地掉在亭子下的石板上，惊得歇息的游人四处观望。

无双没有上来。这里根本没有无双停留的气味。那她去了哪里？我再次赶回观妙亭，转了一个圈子，大声“喵”叫，还是没有无双的身影。难道这次真被贪心的人拐走了？

我不敢想象这个结局，疯了一般，找遍整个公园。公园里走动的游人极少，看不到行色匆匆、形迹可疑的人。这么短的时间内，经历过流浪冒险的无双不可能没有任何反抗。要么，这个人手段很高明。

人啊，你为什么要这样做？我们只是猫，与世无争，互不干扰，我们吃的是老鼠，用的是垃圾，没有去打扰你们的生活，你们为什么要无耻地干涉我们的生活。人啊，难道你们的世界必须有猫的点缀？猫都瞧不起你们。

愤怒解决不了问题。再难，我也要试试，要找到无双。我开始把范围扩大到公园的外围。我没有时间去想找不到会怎么样，而是把自己用来思考的时间都用在奔跑上。

夜色来临，华灯初上，公园的外围还没搜寻一遍。我的脚掌有些肿了，因为刚才被人踩了一脚。我没有计较，因为计较的时间都不能浪费。我集中全部的注意力，扫描每一个人、每一处地方，任疲惫袭扰我的神经。

直到整个城市逐渐安静，我已经不受控制的躯体仍然保持

着机械的运动状态。走着，摇晃地走着。没有方向，只是向前走。如果老K看见，他会说，幸福被无耻地抢劫，即使给你留下智慧，也是无用的。

我一头扎进路边的花丛，便失去了知觉。温暖的阳光叫醒了我。新的一天带给我的希望，和我的身体一样无力。

眼前摆着一块蛋糕，放在一块包装纸上，很干净，没有沾染一粒尘土，咬了一口很软。说明这块蛋糕不是来自垃圾堆里，有可能是某个人的早餐。

这时，一位穿着反光背心的老人，扛着一把大扫帚，从花坛边走过，停下几秒，微笑着，又走开。我第一次感到，人的微笑有的时候和阳光一样暖。

我吃了东西，有了精神，强迫自己冷静下来，开始理清思路。第一，无双不可能自己离开，这几天的经历让我们早就约定了“生死不离”；第二，不可能是“狗头帮”干的，他们的势力从未到过这里，但不排除意外；第三，偶然遇到坏人的可能性有，不过这里对游客领着宠物进出是格外关注的。

从这些情况分析，无论发生哪种意外，一旦发生，肯定有动静，有动静肯定会让管理员介入，而公园从没有将流浪猫交给收容所的先例，这可能也是老K选择这里的一个原因。也就是说，管理员处置这些事情的时候，最可能的做法，就是先把无双安置好。我真笨啊，怎么没想到，最有可能带走无双的就是公园的管理人员啊。

我挣扎着起身，再次走进公园。如果无双被公园收留，或者安置起来，又有多种可能性：比如，关在一间屋里，治疗热得近乎得病的无双；或者指定一个人带回家里照顾一下；或者……该死的可能性，到底哪一种最可能啊？

我尽量让自己细心一些，耐心一些，找遍每一间房、每一个人。一天仿佛禁不起情绪的折腾，一紧张起来，时间就变得短了。我累了一天，一无所获。

我不能灰心，可怕的灰心会导致放弃的结局。我的心中可以承受不幸，但不能承受失去。为什么，幸福那么短暂？

我一只猫卧在公园门口的台阶上。

可气的是，今晚的月亮很大、很圆、很美，仿佛是天使扒开夜幕的帘子，讥笑着我的无能。

“德弟，干吗呢？大家都出发了，你还在这里闲坐。以为你发生什么事情了，都放心不下，这才过来，和你一起走。”长水忽然出现，身后是黑豆和小帅。

我难过地回道：“无双不见了。”

“什么？”长水有点惊讶，又疑惑的样子，“可是，刚才我还远远看见亭子上有一只猫在来回走动。”

什么？轮到我惊讶了。我振作起来，撒腿就跑。难道无双又回来了，在万春亭上等我？我兴奋难抑。

我跳上万春亭，月光之下，果然看到一只猫，却是一副“V”字面具脸，不耐烦地来回走着。

“怎么是你？”

“怎么就不能是我？”雪鞋带着一点不屑，看着异常狼狈的我，“你以为我愿意来？钢王给你带话，说无双在斋宫。”

“真的？”我大声说道，上前几步，靠近雪鞋的脑袋。

雪鞋吓了一跳，“我只是传话，钢王说的。”

钢王说的就是真的，老天可怜，原来无双被她主人找回去了。那就好，哈哈。我高兴地顶住雪鞋的脑袋，摩挲不止。

“干什么，你？”雪鞋不停地用爪子捋顺头顶上的毛发，低声嗔道：“讨厌。”

## 27 一只猫的牺牲

雪鞋离开后，我找到黑豆他们。我本意想让长水和我一起进宫，但长水坚决不再踏入故宫一步。我只得和大家约好，明天上午故宫正门见，我会带上无双，然后一起去“猫园”。

救无双，不是因为我有多少信心，而是因为我有坚定的决心。决心而为，也许一辈子有很多次，也许结局是失败。希望只是我们制造成功的动力，信心才会描绘最美的未来。我一定要救出无双。

我依旧从北门进入，凭着脖子上的牌子，大摇大摆地进入故宫。警觉的保安根据我的体貌，喊着我的标号，“呦，0419回来了，欢迎。”

我真的需要一个搭档，小花那样的也行，能够在关键时刻吸引别人的注意力，然后采用百试不爽的“声东击西”法。于是，我进了东北角的乾隆花园，“喵”叫几声，面孔狰狞、身材魁梧的猫五出现了。

“好小子，还记得找我。怎么，上次忘了打招呼离开，这次补上？”猫五故作生气。

“那我走了。”我假装离开。

猫五连忙把我拦住，“别，嘿嘿，玩笑。走，请你吃大餐，

我藏了几条鱼。哈哈，谁也想不到，我藏在你以前负责巡视的院子里。”

“不行，今天有事，请你帮忙，和我一起去救一只被关的猫？”

“被关的？这不好吧，要违反宫里的守则和条例的。”猫五有点为难。我当然知道，猫五混日子的底线是不违规。

“是救无双。无双是我……”

“我去。”没等我说完，猫五干净利索地回答，“只是……”

“什么？”猫五这家伙还有条件？

“哈哈，只是一会儿，一定要和无双一起来我这里吃鱼，你不知道，这几条鱼，我攒了好几天。放心，保证没有发霉，味道依旧鲜美。”

我笑了，催促猫五赶紧跟我走，其他的事情再说。

今晚的故宫格外宁静，连风都没有，似乎怕了这冷寂的月光，一切的景致都好像凝固了一般。

启动了周密的保卫系统后，平时的巡逻人员大多没有出来走动。空旷的宫道上，我和猫五的脚步再轻，似乎也能感受到轻微的回响。

我不了解斋宫的情况。猫五说，斋宫晚上是没有工作人员的，里面全部安装了自动的报警装置。还说，无双是主人在宫外面找到的，回来后怕再次走失，就找了根狗绳，将无双拴在斋宫的院子里，每天有专人喂食。黄昏的时候，有猫去看了，无双还在。

我想了解得再细致一点。那根狗绳是什么材质的，尼龙纤维，还是铁链？猫五很不确定，只是一再说明，用来拴狗的绳子系在无双的脖子上，是对美丽的亵渎。唉，即使是铁链，我也要依靠自己的牙齿将其磨断。具体的难题，随机应变吧。

如果我自己的话，会选择在宫墙上行走，或者在宫殿之间跳跃，这样比较接近直线距离，会节省很多时间。但猫五没有尾巴，无法进行平衡性较强的运动。所以，我们走了很多弯道，甚至由于一些宫门被锁，不得不穿过平时大家都不走的角落、小路。

大约有两顿午餐的时间，我和猫五到了斋宫附近。

“等等。”一丝危险的气息笼罩在附近。我关于危险的直觉一向准确。我忙叫住猫五，贴墙而立，并叮嘱猫五千万不要出声。

这是一个拐角的位置，墙垛之间凹进一个空间，月光照不到，仿佛有一扇幽深的门洞。

我看到阴影里藏着另外一个阴影。那伪装的黑影轻微晃动了一下，从背景中分开，如同游离的鬼魂。

我压低身子，顺着墙根悄悄靠近。再近一点，将瞳孔放大到极致，终于看清，那是一个人。穿着黑衣黑裤，背着双肩黑包，浑身上下，仅漏出一双闪烁不定的眼睛。

是贼。绝对是偷偷潜进来，妄图偷窃故宫珍宝的贼。曾听别的猫说过，发生过多次游客藏在故宫里，等清宫后去盗窃物品，但大多未遂。从这个人的衣着看，显然准备充足，不是很业余。

确定是贼的瞬间，我忽然犹豫起来。禁闭的教训不得不想一想，但这次和上次不一样。如果因为上次的委屈，对这件事

置之不理，不但没脸佩戴故宫猫的牌子，估计连流浪猫都会唾弃。

我向猫五摇动尾巴，让他先行动。

猫五有点害怕，没有动。

我又悄悄退回去，低声告诉他，是人，是一个偷东西的贼，贼都心虚，吓他一吓，不跑才怪。加油！这可是你的特长。我为猫五打气。

猫五骨子里责任感无比强大。他从另外一个方向拐过去，悄悄走到墙角，看到我的尾巴示意，猛地跳到那贼的脚下，毛发怒起，张开大嘴，如同一只小老虎，“喵喵”高叫。

那贼吓得坐在地上。我不能给他反击猫五的机会，直接跳到他的脸上，尽情挥动我的利爪，让他疼，让他叫，让他受不了在故宫里乱跑。

没想到那贼出奇地能忍，虽然坐在地上，但没有丝毫慌乱，嘴里低声冒出一句：“靠，死猫。”他贴着墙角不动，只有双手挥舞与我搏斗。我确定至少抓中了他三次，次次见血。但这个贼没有叫，也没有跑。

猫五咬住了那贼的裤脚，大力往外拖动，不见效果，便继续围着他吼叫。

在实战中，躲避的好方法还是进攻，尤其是对体积大于猫的对手来说，咬住一个点，他自然会躲避你。我用尾巴干扰他的视线，开始攻击他的双手，或者咬，或者挠，绝对不能让他双手抓住我的身子。

也许，再坚持一会儿，保安人员就能听到动静，至少时间一长，附近的猫们也能赶过来，没有保安，有近百只猫，也能让这贼无路可逃。

那贼是老手，用后背顶住墙，一点一点挪动，站起身子。

不好，猫五，快走。我意识到，这个贼想干什么。

猫五正淋漓尽致地吼着，根本没有听到我的提醒。

那贼视线被我挡着，但还是凭借声音确定了猫五的位置，一脚飞起，准确地踹中猫五的肚子。力气很大，猫五的身子狠狠地撞到对面的墙上。

“猫五——”我顾不得自己的安危，换个动作，死死咬住那贼的一根手指。

那贼似乎不在乎我的撕咬，上前几步，又是一脚，释放着怒气。

我加大力气。我要咬断他。即使我死了，我也要留下他一根手指。此时，我忘了无双，只记得我的脖子上挂着一个让很多猫骄傲的牌子。

“哎呀！”疼痛声从那贼的牙缝中挤出来。他一边挥动被咬的手，一边用另一只手，拍打着我的身体。很疼，但我不能松口。

那贼放弃拍打我，将手上的手套翻卷过来，正好套住我的头，毫不犹豫砸向墙壁。坚硬的墙壁震得我的内脏一阵抖动，深入骨髓的疼痛让我不得不松开嘴。

当我脱掉头上的手套，那贼已经消失得无影无踪，不知道拐进了哪座宫殿。

“猫五，猫五——”我无力地喊着。

猫五四肢伸开，腹部微微起伏，暗红色的血从嘴角流出来。

“猫五，醒醒。”我挣扎着站了起来，四肢却站不稳，摇晃着，一步一步挪过去。

我跪在猫五的身边，紧紧挨着他。

“猫五。”我用下巴蹭动着他的脸。鲜血沾染了我的胡须。

猫五动了，只是头动了，略微挪了一下位置。

“德弟——德弟——”声音很小，仿佛是胸腔里发出的秘语。血沫一点一点在嘴边聚集。

我的脸挨住猫五的脸，“我在，我在。”

猫五试图微笑，“对不起——我——没有吓住——吓跑——”

“不，你很好，你做到了——”我想哭，从没有过的想哭。

“没吓住——没吓住——去，救——无双——”猫五的声音更微弱，胸腔剧烈起伏。

我将猫五的头托起一些，“不，猫五，坚持住——”

“走了，我只是——没吓死他——”猫五用尽最后力气说完，头便歪倒在地上，胸腔慢慢平静下来。

“猫五——”我的脑门挨着猫五的脑门。

我的错啊。如果不是我的建议，猫五就不会死；如果我们用别的方法，猫五就不会死；如果我咬住的是脚，猫五就不会死。猫五，好兄弟，对不起你的，是我。

兄弟，放心，我和故宫这么多兄弟，一定抓到他为你报仇。你的死，是因为兄弟的义气，也是因为故宫猫的责任，从这一晚开始，这里的猫都将记住你的名字。

兄弟，我走了。不管找到找不到，我一会儿就回来。

我挪动着步子，悲伤地转过身。

我要先看一看无双。在斋宫的墙外发生这样的事情，里面可想而知了。

# 28 轮回

我咬着牙，忍着四肢的剧痛，艰难地绕过石桥，走进斋宫的门。

斋宫的门开着，可容一个人走过。看来，那个贼已经光顾过这里，刚才不过是巧遇。

院子里充满了展览会的氛围，十余张展示珍宝的海报摆在通道两侧，有的躺倒在地上。应该是贼不小心碰倒的，因为庄严肃穆的故宫不容许这样低级的服务水平。

正殿各个房间的门都关着。我想，这是贼小心谨慎的表现。里面估计早就狼狈不堪了。

我几乎是用蹦的，一下一下，上了台阶，头上稍微使劲，门便开了。果然，几个正中间的展示柜，被人用东西砸开，破碎的柜子上铺着各种衣物和窗帘。手段不低，这贼借助衣物来降低声响。看来这里的报警系统对于职业盗贼来说形同虚设。

我无心参观失窃现场，只想尽快找到无双。

我“喵”叫一声，没有回应。无双，我已经在这里，你到底在哪里？

我又“喵”叫一声。忽然，听到一阵微弱的“喵”叫声，从附近某个地方传过来。

是无双，就是无双。可是，她在哪里？我环顾院子四周，根本看不到无双的影子。

无双的叫声很微弱，但坚持着没有停止。我分辨着声音的远近，反复尝试着方位和距离，终于确定声音从那个倒地的展牌下面传出来。

我无法蹦下台阶了，那比蹦上来要辛苦费时得多。我选择滚下去，顺着台阶边上的滑坡滚下去，几个跟头，就到了展牌的边上。

“无双，在吗？”我大声喊道。

“德弟，我在下面。”嘶哑的声音夹着兴奋。

展牌下面可能是盖着东西，所以不是很严实，与地面有一条较宽的缝隙，我刚好伸进一个爪子。爪子受伤了，没有力气将展牌掀起来。我伸进一个爪子，接着前肢进到里面，然后是头，是后背，用后背的力量将展牌挪开。

展牌盖住的是一眼古代的渗水井。无双蜷缩着身子，脖子上还系着根绳子。

井口大约成人的脑袋大小，不是很深，成人手臂长一些，应该能伸到井底。井壁全是青苔，滑溜溜，所以无双自己不可能爬上来，我也不能跳下去，里面没有容我的地方。

井里井外，都能闻到彼此的气息，却是无法相拥的距离。相见如此，怎能慰藉痛苦的别离。

“还好吗？受伤没有？”我从井口探进头去。

“我没事。”无双看到我，恢复了些许精神。

看着她的样子，我也猜得出，她付出了多少努力，试图爬出来，或者召唤附近的猫过来，“你好好休息，我想办法救你出来。”

“不，你要先去报警。斋宫被人偷了。”无双挪动了一下身子，以便能够更好地看着我。

我悲声道：“嗯。看到了。就在刚才，猫五，猫五死了。”说着，我有点哽咽。

“怎么回事？”无双急切地问。

“我们过来找你，就在附近遇到一个贼。我们试图闹出动静，不想那人很厉害，将猫五踢了。”

“你也受伤了，严重不？”

“我没事。但是猫五——”

“是啊，猫五很可怜，不，很勇敢。对了，偷东西的贼是两个。”

“两个？”我警觉地回头看了看。

“是两个，上午就来了，下午不知道藏在哪里。其中有一个近视眼，戴着眼镜，盯着我看了很长时间，好像我比那些东西还珍贵似的。就是他将我扔在井里的。”

“眼镜？”我确定不是踢死猫五的那个人，“他人呢？”

“不知道，也许去别的地方偷东西了，也许跑了。”

“我一定找到他们，为猫五报仇。”我咬着牙，然后低下头问道：“你能动吗？我试一试救你出来。”

“不，德弟。”无双再次拒绝我救她，“你快去报警。保安人员来了，自然救我出去。”

“我还是先救你出来——”说着这句话，我脑子里不知怎

么竟然浮现出老K在火场和雪梨相对的场景。

“你听我说，德弟，这里是我主人一辈子收藏的心血，也有故宫的镇宫之宝。你救我需要时间的。这个时间可能就让那些贼跑了。德弟，求你，先去报警。”

“可是——”

“去吧，德弟，我在这里很安全的。”

我想了想，贼已经得手了，逃得不知所踪，无双在这里又不会遇到什么灾害隐患。我同意了无双的建议。

我深情地望了一眼无双，“等我。”

无双笑着，很感激地点点头。

我反复转动四肢的关节，让已肿的四肢尽量恢复。我跑不起来，只能走得快些。

附近没有保安室，也许有流动的岗点，但我不知道。我没有时间去偶遇，只得穿过一群宫殿，来到办公区。

路上，遇到了两只在宫殿巡视的猫，叫上他们一起。

办公区的办公室没有亮灯的房间。我和那两只猫，只能依次挠动每一间房屋的门，直到有人梦魇一般地喊道，“谁？”

我不可能回答他，只是不停地挠门，直到他打开门。看到三只猫，一只猫身上还带着血迹。

我咬住他的裤脚往外拖。那人觉得异常，赶紧走到里间，叫醒了三个人。

往斋宫回走的路上，两只猫夹着我，让我轻松了很多。那些保安人员不知道地方，只得跟紧我们。看得出来，他们也很紧张，甚至心里反复猜测着可能发生的大事。

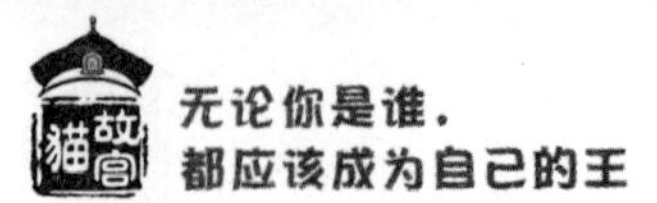


我们先看到了猫五的尸体。一个保安想去察看，被另外一个拦住，“别动，保护现场。”也许，他猜中发生了什么事情。

进入斋宫，那些保安撇下我们，赶紧冲进大殿，几秒钟的时间，他们就开始打电话：

“领导，不好了……”

“110，我报案……”

经过刚才这一折腾，我反而觉得四肢好了一点。我让那两只猫通知钢王，自己走进井口，“无双，我回来了。”

我探过身子，朝里面看。怎么回事？里面只剩下一条狗绳。无双呢？我眨动双眼，不相信地看着狭小的空间。无双不见了，不见了。

我瘫坐在井边，愣愣地看着井里。

无双刚才的话里提到那个戴眼镜的贼，明显对无双志在必得，我却疏忽大意让无双陷于危机。那贼一旦逃脱，无双必将消失在这茫茫世界。

唉！难道刚才的一闪念真成了现实，老K与雪梨的故事要再次重演，故宫里的事物注定有逃不开的轮回？

我失去了猫五，又失去了无双，在城市里自认活得无所顾忌，此时竟然那么无力。那时简单，不懂幸福；现在懂了幸福，却又失去。

无双，你可要记得第一次相遇，可要记得玉兰树下的私语，可要记得万春亭上的在一起，可要记得走千山、过万水呼吸自由的空气。记住我，记住这些快乐，我从未曾失去你。

我一动不动地看着这眼井，宛如看着可以看透今生来世的

魔法水晶。

没过几分钟，斋宫热闹起来。警察来了，故宫领导来了，无双的主人程先生也来了。院子里拉满了警戒线，本来不大的区域又被分成几个小块。

一位没有带警帽，头发乱糟糟的中年警察指挥着现场，分派人手登记失物、勘验现场、调看监控，等等。有人叫他张队。张队可能还处于缺觉的状态，不停地喝着一大壶浓茶提神。

张队叫人将我赶出现场。一位保安说是我发出的信号。张队便安排一位年轻的警察勘验我身上的血迹，确定是否是嫌疑人留下来的。那个年轻人想把我抱走，我挥动爪子挠了他一把，吓得他不知所措。

“算了，这只猫也有灵性，看他动都不动，可能死的那只猫，和丢的那只，都是他的战友。你就在这儿处理吧。”张队平静地说。

战友？我头一次听到这个说法。的确，战斗的朋友，猫五就是，无双更是。因为张队的这个评价，我配合那个小伙子采取了我毛发上的血块。我想负责任地告诉张队，血块是我的，但他听不懂。

宫猫管理处的王师傅获准进来，带着一名兽医，检查了我的身体，并对伤处做了处理。

王师傅眼睛有点红，动情地抚摸着我脖颈的长毛，嘴角微动。我想，他一定看到了猫五的尸体。

很快，嫌疑人的范围确定下来，经过排查，确定有两个人嫌疑最大。听张队的部署，外围防线已经启动，确保疑犯出不了这个城市。

张队猜测，疑犯很有可能停留在故宫里面，等到开园的时候混出去；还有一种可能，疑犯已经逃出，但印证疑犯身份或者相关信息的证物被丢弃在某个角落。所以，张队提出了对故宫进行搜索的建议。

# 29 搜宫

经过各方面协商，最终决定搜宫。但对于执行方案，出现了分歧。毕竟这里是重点单位，而且故宫面积太大，没有开放的区域超过了 50%，同时，距离开园已经不到四个小时。无论是任务的完成效果，还是投入人员的规模，都是一个巨大的难题。

陪着我的王师傅提了一个想法：让故宫猫参与搜宫。的确，凭借我们猫的数量和灵活性，有足够的能力开展这项任务。张队问了一句让王师傅有点尴尬的问题："他们比警犬厉害吗？"

王师傅红着脸，说道："可能没有，但是他们熟悉每一个角落，比我们还熟悉，这么多年以来，他们全力解决了故宫的鼠患，在火灾等突发问题上，比如这起案件，他们能够及时地向我们示警，已经担当了保卫故宫的重任。我信任他们。"

王师傅的话让我很感动。在这座宫城里，猫和人有过误会，有过摩擦，有过深入但不默契的交流，多少年来却从未在保护、维护故宫上出现分歧，多少年的风风雨雨至少证明一点：猫也是故宫的一块砖、一片瓦。

警方在现场的最高负责人同意了王师傅的建议，并表示：各单位要密切合作，快速确认嫌疑人身份，务必在开园前成功实现定点围击、抓捕，在最短的时间内追回被盗珍宝。张队强调，搜宫任务全权交给宫内负责，以工作人员为主，以猫为重

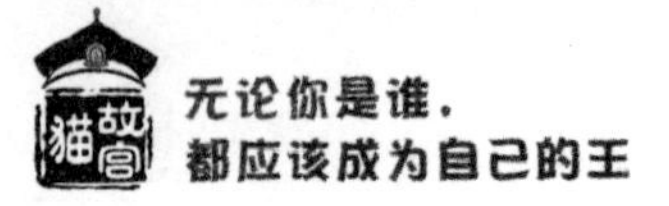


要补充，发现情况，及时报告。

警方准备好嗅源，是那只我夺下来的手套，以及遗落在井内的那根狗绳。两个物证的信息采集完毕，摆在台阶上，给猫们使用。这两个气味我已经死死地记在心上。

院子的门打开了，猫们被允许进入。钢王领着罗汉、贵族、雪鞋率先进入，后面紧跟着的猫，如浪一样翻滚入内。猫们站满了整个院子，静静的，没有一丝骚乱。现场所有人都震撼了，近二百只猫犹如一只剽悍的军队等待着命令。

钢王走近我，以往冷硬的目光多了点柔和，平静地看了一会儿，才低声说道："德弟，猫五值得我们骄傲，你也值到我们骄傲，放心，剩下的交给我们。"

我的头顶还不到钢王的下颌，说实话，即使在这种很严肃的场合，我也不习惯与钢王相对而立，"如果你将花翎插在我的耳朵上，我就会和你一样高，所以，剩下的事情也有我的份。"

钢王微微一笑，没有回答，转身加入了记忆物证气味的队伍。罗汉和贵族一起过来。罗汉依旧是师长风范，不苟言笑。倒是贵族笑着，与我脑门相挨，"好样的，小子。"

罗汉身子直直的，语调也直直的，"小花也失踪了。我猜，他可能是遇到了什么状况，也许他再次回来，会带回来什么信息。这群猫里，也只有你才知道他说的是什么。"

小花难道遇到了那两个人？我心里打鼓。也许，这会是个好消息。

猫们轮流闻过两个物证，然后自行离开，后面跟着工作人员。我试图挣脱王师傅的看管，但遭到拒绝，还严厉地批评

我："小家伙，你还想干吗？老老实实在这里待着吧。"我不怕严厉的苛责，倒是对严厉的关爱没有办法。

也好，在这里，好好休息一下，就当养精蓄锐。再有，这里是临时指挥部，能够听到警方的最新研判和部署。我可以了解案子的进展，说不定会第一个知道无双的下落。

警方办案极其有序。每一个人都紧张地忙碌着，偶尔的交流也简单干脆，保持着最有效的工作状态。

我不由得想起那伙流浪猫，如果他们也能如此分工明确、协调有力，将来独自生存在野外也不成问题。哎呀，现在黑豆他们还在北门外等我，等我和无双一起去"猫园"。无双啊，你一定要好好的，我们都在等你啊。

张队拿着一瓶水和一把梳子，往梳子上倒了一点水，开始梳理头发。那些被枕头压起来的头发极其不听话，头发已经润湿成几缕了，还有一束依然倔强地支着，仿佛一只锐利的犄角。

我想笑。张队从我身边走过，手指挑了我脖子一下，"小家伙，还想笑我，哈哈。"这不算什么特异功能，可以说成玩笑的巧合，或者最多是心有灵犀一点通吧。

天已经亮了，耀眼的阳光很快照射进来。离开园不到两个小时了。

猫们陆续有回馈。我没想到，第一个回来的是雪鞋，他叼回来一个烟头。张队让人去做鉴定，并询问了拾到烟头的位置，在一幅故宫地图上标注清楚。接着，有的猫送回来沾着血迹的纸巾，有火腿肠衣，有明显坐过的报纸，等等。当然，这些都经管理员确认，不是打扫卫生遗漏的，才允许猫送进来。

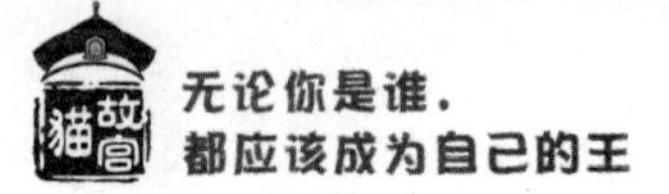


张队一一标注，竟然描绘出一幅简单的线路图。图上唯一缺的是靠近宫外的地方。我猜想，靠近宫外的地方应该是盗贼最后一个落脚点，或者能够告诉警方他们是从哪里进来、从哪里出去的。

这时，一只身材矮小的花狮猫叼着两条小咸鱼进来，放在台阶上。

“这是什么东西？”张队对猫的信心逐渐增强，但这次东西让他有点蒙了。

王师傅上前解释，“这是给猫们的配餐，鱼干。”王师傅拿起来仔细看了看，又闻闻，“这不是库存的，应该是猫私藏的，好几天了。”

“这是从哪里捡来的？”张队问道。没人应声。看来没有人跟着这只猫。

鱼干？我想到昨天猫五和我说的话。我体力恢复不少，伤势明显减轻，所以轻松地跳到鱼干前，闻着。不错，的确有猫五的味道。最令我兴奋的是，上面竟然有无双的气味，而且很浓烈，应该刚沾染不久。再仔细看，上面还沾着两根细细的白色毛发。

是无双！我跳下台阶，直接跑出院子。听见身后张队大喊着，“快，跟着那只猫，做好战斗准备——”

我身上的药效已经发挥作用，跑动时牵动着受伤的肌肉。即使再疼，我也不在乎，因为无双很有可能还未离开。这是我的希望啊。

我前脚进了所谓的“冷宫”，警方的力量便将四周紧紧包围。

“无双，无双。”我喊着无双的名字，希望这个时候，她会在某个角落回应我，“德弟，我在这里。”

可是，没有回应。我站在院中一座石像的头顶，不甘心地大声“喵”叫。

张队指挥警员手持武器进入院内，开始细致地搜查，很快确定没有疑犯的影子。戒备解除，警方再次进行地毯式检查，寻找相关线索。

我知道，唯一的希望也没了。这里就是最接近宫外的地方，那些贼肯定是从这里离开的。无双被他们带走了，也许此时，她已经被卖给了某个人，或者离开了这座城市。

张队的手机响个不停：

“局长，嫌疑人已经锁定两人，目前，确定疑犯已离开故宫。是，我们正在做最后的搜查——”

“喂，你好。啊，李处长。好的，好的，稍后，我就把嫌疑人的资料发过去。嗯，谢谢检查站同志们的配合——”

“哦，我是。嗯，尽快联系。我再给你一个小时，必须把嫌疑人的具体身份搞清楚，快，明白吗？”

“不是跟你说了吗？我正忙着呢。你叫上你弟弟吧。我去怎么了，我去挂号也得排队，行了，顾不上。”

张队连接了几个电话，拧着眉头，将手机扔给旁边的警员，“跟工作无关的我一律不接。”

“我，我不知道啊。”那警员不知所措。

“笨，不会问啊。”张队用手指戳着那个警员的脑袋。

那警员低声嘟囔着，“哼，不就是怕嫂子骂你吗？你以为我

们不怕啊。”

有两个警员从一个角落里跑出来，“张队，发现情况了。”

我一听，也跟着张队进去。那是正殿与配殿的接合部位，有十几平方米的空间，被工作人员隔开，平时放置一些杂物。里面的地上还有几块碾碎的鱼干。

“技术员，快过来，收集一下。”张队蹲在地上，仔细检查着里面的东西。

一个戴眼镜的警员跟着蹲下，“张队，你看，这些痕迹说明两个人曾在这里逗留，这还有猫的抓痕，那些杂物上有猫毛，那只猫应该反抗过。这些是绳纹，看样子很长。”

“这里有一张卡。”一个小个子警员站在最里面，用镊子夹着一张淡绿色的卡片，“哦，是一张订餐卡。”

“小李，赶快联系一下这个餐馆，寻找一下满足三个条件的目标，餐馆附近的，住在旅馆或者网吧的，连续订餐的。快去！”张队站起身来，“命令所有车辆开到正门，做好备勤，其余同志继续勘察。我们走。”

我跟着张队回到斋宫。钢王和猫们都在门口等着。

不一会儿，张队带着一群警员出来，走向正门。

我们依然跟着。因为我们不知道还能做些什么。

“哈哈，不用送了。很好，小伙子很不错。”张队回头挥手。

没我们的事情了？不要，我们还要报仇，还要救回无双。

# 30 追缉

午门，故宫的正门。

十余辆警车一字排开，警员们整装待命。张队拿着手机，来回走动，仿佛在等待一个重要结果。

黑豆他们早就等得不耐烦了，只是没想到出来这么多人和这么多猫，还以为是给我送行的，羡慕不已。我把昨晚发生的事情简要地告诉了大家。大家跃跃欲试，都想帮我找回无双。

张队的手机响了。“说，好。”接着，又拨了一个电话：“领导，一个疑犯已经确定，他连续多次向一家餐馆订餐，包括今天中午的。地点已经布控，在一个网吧，放心。确保万无一失。”说完，大手一挥，“出发。”

我急了，什么也不顾不管了，等张队一拉开车门，蹭地跳上他的座位。黑豆、长水和小帅自然跟上。钢王一见，也不示弱，带着十余只猫跳上车。地方有限，有的猫直接趴在了驾驶位的工作台上。

司机很为难地看着张队。张队捋了一下他头上的犄角，叹了一口气，也要挤上车。

我透过车窗，看见罗汉气喘吁吁地跑过来，嘴里叼着一只大老鼠。不，是花栗鼠，是小花。我赶紧撞开张队下了车。黑豆三只猫跟着我。

“大哥，你又怎么了？”张队憋屈着脸说道。

我快跑几步，帮助罗汉放好小花。

小花没事，只是累了，浑身无力，躺在地上喘着粗气，向我比画着。

“你跟踪了一个贼，确定了在哪里，在有火车的地方，你能带着我们找到，是吗？”我快速揣摩小花的意思。

小花点着头。

“见到无双了吗？”我急着问。

小花先点头，又摇头，上肢又跟着比画。

“在故宫见了，但出去没见到，你说你跟着的那个人背着个大包？”

小花点头。

我忙转身，向车里的钢王说明情况，建议钢王跟着这个车，让贵族和我一起去另外一个地方。钢王同意，低声说道：“等你回来，凯旋。”钢王将头扬得高高的。

张队很糊涂，不知道什么情况，但也能猜到和这个案子有关，“你开车吧，通知布控的郭队，由他指挥。给我留下一组人，两个车。快！”

我很佩服张队的灵感。有他在，我们大有胜算。小花跟踪的这个人和张队抓捕的不是一个，希望他和我们一起把两个人捉拿归案。

小花的体力耗费不小，估计难以带我们原路返回。我叫过贵族，拜托他驮着小花。这可把小花高兴坏了，重新抖起精神，

抓住贵族脖子上的红绳套，犹如一只披着斑纹战袍的骑士。

有一点我没想到。钢王只带走十余只猫，还剩下一百多只，站在那里看着我们。我们刚动身，其余的纷纷跑过来，拥在左右，要一起去。

“这什么情况？李子，开着车，注意跟紧，禁止通行的地方要提前迂回。”张队摸了摸腰间的枪，快步跟上猫的队伍。

贵族驮着小花领头，我就在旁边，猜测小花的手势，然后决定队伍的方向。黑豆和长水被我派到侧翼，防止队伍混乱，或者发生交通事故。对于张队，不用管他，就让他满足一下领着大队人马的自豪感吧。

一群猫当然不会自觉排成整齐的队伍，而是如同一团雾、一片云，在街道上游动。这很快引起了关注，人们纷纷猜测着各种各样的原因。

张队知道我和小花的作用，自然跟在附近。他为了放开速度，脱掉了制服上衣，大步开跑。往右拐的时候，我发现他的脸都白了，低声说着：“不会是去中南海吧？”小花又发出左拐直行的指令后，张队的脸色才缓过来。

往前走不是交通主干道，车辆很少。可能是早上的原因，晨练的人很多，看见一群猫跑过来，大都让开道路。有一位老人推着婴儿车，来不及让路，只得扭过车，将孩子保护起来，没想到孩子被如此震撼的场面迷住了，站在车里大喊：“咪咪，我要咪咪。”

路上遇见了一队武警，摆出拦路的架势。

张队的作用此时出现了。他喘着气，掏出证件，“兄弟，办，办案，配，配，合合。”

武警战士不知道拦还是不拦，看了一眼张队，连忙用对讲

机报告。

“兄弟，那是去天安门啊。”这个张队，你明知道一群猫，说也白说。“完了，这回闹大发了，要是抓不住人，我的脸可丢南极去了。”

猫们走的是盗贼走的夜路，所以有直路不走弯路，能跳过栏杆绝不绕行。可苦了张队，跟着一群猫跳来跳去。走到长安大街的时候，一位交警过来，张队连说话的力气都没了，只是挥了挥证件。

小花没有贸然指挥大家直接横穿马路，否则以长安大街上的车流量，不是车撞猫，就是车撞车，肯定一塌糊涂。小花模拟的是盗贼，盗贼到了这里也守规矩，等到了绿灯才通过。

一百多只猫走在人行横道上，穿过长安大街，直接上了天安门广场。当然，不用安检，这可不是张队的作用，而是安检员们阻挡不了这浩浩荡荡的队伍。

天安门广场上可就炸了窝，许多观看升旗的游客还未散去，见到如此百年难遇的场面，纷纷拍照留念。一时间，我们凭借网络的巨大威力红遍了大江南北啊。

我反复叮嘱大家，放慢速度，保持队形。神圣的天安门广场，需要神圣的展示。也许，今天是猫的历史上唯一一次机会。

我们走过飘扬的五星红旗，走过挺拔耸立的英雄纪念碑，走过庄严肃穆的毛主席纪念堂，没有停顿，没有迟疑，迅速地来到了前门。

小花让大家停在一处公交站旁，他则盯着开过来的公交车。等车的市民同样怀着强烈的好奇心，拍照的，逗弄的，有的甚至拿出正在吃的早点喂给我们。

“呀，这么多猫！嘛情况，拍电影呢？”

“瞎说，现在谁拍电影用真的，都是特效，那整出来比真的还真。”

“哥们儿，这是北京。知道吗？那些大腕导演都讲究用实物，投资大，场面大，魄力大，那个《图腾狼》看过没，全是真的。”

“拉倒吧，您。那是《狼腾图》。”

“你看，那是演员吧。这造型设计的，本来面目都看不出来，看着挺像葛优。”

“啥眼神，那是葛优的脑袋，是葛优的鼻子？明明是陈佩斯……请问，您是陈佩斯吧。”

张队抱住一根杆了，猛喘气，没有答话。

这时，一辆公交车进站，上面写着“673”路。

小花向我示意，就是这辆。门一开，猫们率先上了车。人们还在看热闹，等猫都上了车，才明白自己也要上车。但张队已经把住车门，“我是警察，办案需要，谢谢配合。”扭头命令司机开车。

“什么情况，警官？”司机搞不清楚状况，但仍照做。猫们挤满了整个车厢，座位上，地板上，坐着的，站着的，司机前所未有地拉了一车猫。

“别多问，到站停车，别开门。”张队直接坐在车厢地板上，擦着汗。

“好的，你瞧好吧。嘿嘿，明天说不定上头条。”司机一甩方向盘，加大了油门。

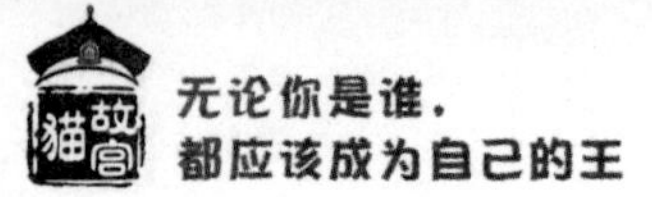


我比张队还担心，这可是最后的机会了。如果让盗贼带着无双上了火车，今生今世可能都难再见面了。

车子停了一站，小花仔细看着周围环境，摇头。我向张队摇头，张队说了声，“走。”

下面等车的可就恼了，有人在后面高喊：“我要投诉你。”

司机吹着口哨，继续向前开。

连续过了几站，小花均是摇头，我有点急了。

就在车子继续前行的时候，小花忽然如鸡啄米一样，猛烈点头，是这里。我来不及示意张队，一下子扑到司机脚边。

“停车，快停车。”张队跟着喊道。

“得，您可别忘了，是我。把情况跟我领导说清楚，还有，这个停法违章，您可要做主。”

车门打开，一群猫蜂拥而下，吓得候车市民纷纷倒退。

北京火车站是一个重要客运站，人流极大，广场上人声鼎沸，交织而行。

小花用手势告诉我，最后见到那个人就是在这里，并看着他去了“售票”大厅。

我无语，急得乱转。没有目标，没有对策，看来只有依靠猫海战术。

张队打着手势，让我们不要动。他扶着腰，接听电话，“好的，非常好，好的。赶紧查询一下，这两个人，是谁买了今天的火车票，什么车次，什么时间，快！我现在就在北京站。”

张队蹲下来，拍着我的脑袋，“小子，有你们的。再等等。”看着他胸有成竹的样子，我也平静了许多。

# 31 凯旋

围观的人越来越多，猫们保持着故宫里训练出来的纪律性，无视人们的骚扰，紧紧围靠在一起。

电话响了。猫们虽然听不懂，但全部把目光望向张队。

“好，太棒了，通知李子赶紧过来。我带人，不，带猫先进去了。”张队看了一眼表，拍着手，跳着脚，高声喊道：“兄弟们，GO，GO（走，走）——”

我不懂外语，还以为张队叫着“狗，狗，狗”，用狗的名声来鞭策我们，为我们加油、打气。不过，故宫猫见识大，有的懂，有不懂的从手势看也看出来了。

张队表现异常活跃，小跑着，领着我们直冲“候车厅”，同时高喊：“让一让，警察办案，让一让。”

没有人会想到，让一让，会让出一群猫。所有的人都惊呆了。

猫们失去控制一般，无惧门口的保安和安检员，各展所长。有的踏着人们的行李跳过，有的直接走了安检机传送带，表现欲强一点的则是利用墙壁弹点折射，最让我无语的是长水，专门拣穿着漂亮的女乘客，从她们的双腿间钻过去。

张队还是善后，按住枪套，向安检人员出示证件，“办案，办案，那些猫吗，警猫，警猫，知道吗？”

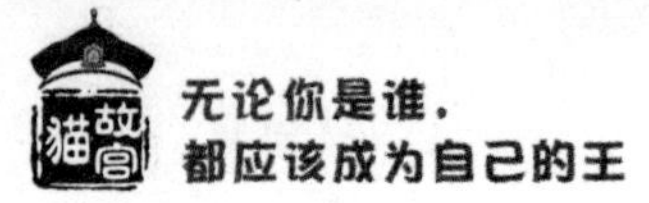


一个姑娘诚实地摇头，说不知道。不过，看着猫都挂着统一的牌子，多少还是信了。

张队进了大厅，直接上了电梯。猫们紧跟着，在张队后面虎虎生威。张队双腿不在一个台阶上，一前一后，右手扶枪，在人们的注视下更显得意气风发。

张队带我们进了一个小候车室，但被严守规则的检票员拦住，强调火车马上进站，不再放行，尤其是不准宠物进入。

“警猫，懂吗？”着急的张队竟然忘了出示证件，不由分说，双臂一撑，跳过栏杆。领头的人都不守规矩了，我们还怕什么。我抢先跳过，接着一百多只猫纷纷越过，把那个检票员看呆了。

张队跑得太快了，连续拐弯，走地下通道，过天桥，猫们勉强跟上。我心想，还好，他来了，要是我自己，估计早迷路了，更别谈什么盗贼的影子了。

猫们跟着张队上了站台，两边都站满了候车的人。车还没进站，但已经听见远处传来的汽笛声。

那盗贼应该就在这里。猫们立刻分散开。黑豆、长水和小帅不掌握他的气味信息，便紧紧跟在我身边。

候车的旅客看着我们，有的脸上写着莫名其妙的神情，有的只抬了下眼皮继续玩着游戏，好奇的，冷漠的，一付付旅途中的风尘模样。

“周叉叉。”张队高喊一声，右手紧张地握着枪。

人群中没有异常的反应，至少没有人哆嗦着坐在地上。要么，盗贼老奸巨猾；要么，我们错了，他不在。

我穿梭在人群之中，仔细分辨每一个人的气息。你这个坏蛋，杀死猫五，抢走无双的坏蛋，到底在哪里啊？

火车进站了，人们整理队形，准备上车。

你到底在哪里啊？我开始紧张。没有时间了，如果上了车就麻烦了。

这时，一个拉着黑箱子的中年人引起了我的注意。他穿着一身绿色的户外休闲服，立着领子，右手放在裤兜。始终低着头，没有看过我们一眼。是不敢看吧？

我靠近他，一股熟悉的气息如丝线一般，进入我的鼻腔。是他，是那个杀死猫五的凶手。绝对是他。他的血液曾进入我的嘴里，他的气息已经死死地烙在我味蕾的每一个细胞上。

那人拎起皮包，就要上车。

我不再迟疑，狠狠扑上去，从后面咬住他的衣领。贵族是第二个，咬住他的后肩膀，紧接着，是黑豆、长水。

那人还算机敏，猛地转身，“哗啦”脱下上衣，甩开我们，连箱子都不要了，顺着站台，向外跑出。

“周叉叉，站住！否则，开枪了。”张队也发现了。

那人犯了一个明显的错误。如此封闭的空间，任何做法都是徒劳的。跑，的确可以换取一线生机。但是，面对一群来自故宫复仇的猫，绝对是自取其辱。

猫们没有等待任何命令，以最快的速度包围了盗贼。那人勉强冲了出去。没跑几步，就有三只猫抱住了他的一条腿，然后是七八只压在了他的肩膀上。

我怀着仇恨冲过去，直接扑到他的脸上，伸出利爪，挠抓他的脸。他用手挡住脸，就抓他的手。我看到，他的一根手指包着纱布，心里更是怒火难止。我再次咬住他手指的伤处。这次，再也不放手了。

一百只猫轮番攻击，跌跌撞撞的盗贼终于支撑不住，倒在地上。他没有反抗的力量，只是一味地抱住头，蜷着身子，哇哇地叫着。这疼痛的惨叫比猫五的惨叫更剧烈才好！

“我是周叉叉。我偷了故宫。我投降。投降好不好？”那盗贼呜咽着，大声喊道。

张队上前，拨拉走盗贼身上的猫，但他别想让我的嘴从那根手指上松开。张队只能给那人反手戴上手铐，不时抚摸我的脖颈，安抚我的情绪。

我还是被张队拖开。那人抱着血淋淋的右手，呻吟着。他的脸已经没了模样，无数血痕纵横交错，衣服已经破烂不堪，没有一块完整的地方。

有两位民警跑过来，拎着箱子。张队简单询问着那盗贼，再次确认。猫们里外三层，围成一个圈子。站台上，上车的，没上车的，都在围观。

我很期盼。

民警打开箱子，里面是许多衣物，没有无双，没有珍宝。

受伤不轻的周叉叉十分配合，说珍宝被他偷偷放在朋友的出租房内，那只很贵重的白猫被另外一个人抱着。

我知道钢王那一组去抓捕另外一个人，希望能够安全地救下无双。无双，你一定要坚持住，我再也经受不起你的离去了。你已经不再是你，你是我的眼。没有你，哪里还会有这个世界？

我们离开时，人们鼓掌致意。故宫猫有一点，我从未喜欢过，就是把自己的骄傲建立在人类的认可上，太虚荣。但今天，我体会到，如果是真诚的虚荣，未尝不是一种骄傲。

有点小意外，那辆公交车还没有走，正开着车门等我们。

“警官，我们领导说了，今天务必配合你，算我出全勤。嘿，走吧。”那司机启动了车子，嘴里哼唱着：“……头通鼓，战饭造；二通鼓，紧战袍；三通鼓，刀出鞘；四通鼓，把兵交。上前个个俱有赏，退后难免吃一刀……”

张队将盗贼安置在后面。他则开始通电话，安排指认现场等一系列的工作。

回去的路，谁也不急。猫们放松地坐在车上，少不了相互嬉闹。

小花还骑在贵族的背上。贵族的皮毛肯定比车子的座椅舒服。

“小花，你今天表现很棒。流浪猫守则最后一条，第五条——坚持，你做到了。”我表扬着依旧疲惫的小花。

“小花就是了不起，能够坐公交车回去。”贵族说道。

长水靠在一根扶手上洗脸，“嘿，怎么说，也是在故宫待过，在首都混过，见过世面。”

“我头一次坐车，真好玩，要是把家放在车上就好了。”小帅闲不住，从这个座位挪到那个座位。

“别介，要是常坐的话，就要常干这活。我无所谓，别看我，就怕有的猫小心脏受不了。”是长水接话。

怎么了？我不说话，这也能指向我？

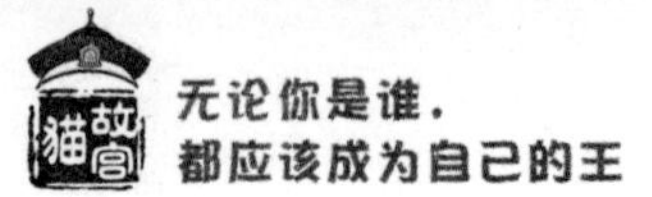


长水见我不搭茬，又对贵族说，“这一段，有没有漂亮的猫进宫？那个无双除外，无双不是我的菜。”得，还带着我。

“问这个干吗？”

“你看，我们凯旋而归，应该有美女列道欢迎吧，美女可以不来，猫总要来吧。”

“你这都是从哪里学的，无聊不？”

“你问德弟。”

天啊，又来。唉，我只想无双平安。无双，你现在到底平安不？

公交车开始驶入故宫的范围。获知消息的新闻媒体早已就位，在停车场上围成人墙。车子一靠近，各种摄像、摄影器材全部启动，到处是“咔嚓咔嚓”的声音。

“哇，头条，头条……”司机师傅时不时腾出手来整理自己的仪容。

张队从车上翻出一个手提袋，扣在疑犯的头上。

车子停了下来，车门开了。看着外面拥挤的人群和跃跃欲试的媒体记者，猫们犯怵了，谁也没有动。

“走吧，兄弟们，今天可是咱们大喜的日子，哈哈。”张队架起疑犯的胳膊，走到车门，还不忘压一下头顶的“犄角”。

我领着猫们跟在后面，有序地下车。经过媒体建议，张队夹着疑犯站在中间，猫们站在他周围，我们可爱的司机师傅也凑到跟前，摆出“剪刀手”的姿势。

拍了照，领导们、故宫的工作人员纷纷上前，表示祝贺。

忽然，有一队闪着警灯的警车驶入。媒体立刻转向，全部

扑向那里。一位着制服的警员押着一个疑犯，那疑犯头上倒扣着一只《黑猫警长》的卡通书包。陪同的猫们，则被媒体记者要求站到警车上。

我的心一热。看到无双悄悄地下了车，躲过记者的视线，从车子底盘钻了过来。她也看到了我，便站住不动，隔着一行人群，闪烁着那深情的一黄一蓝的眸子。她的主人程先生抱起了她，消失在我的视线里。天涯海角也不过如此啊。

# 32 葬礼和授勋

简单的凯旋仪式结束后，我选择暂时留下来，让黑豆带着小帅、长水先一步去“猫园”。长水没有走，说要留下来，在景山公园晃荡几日。他选择住在万春亭，是要等我和无双一起离开。

珍宝失窃这件事，猫们立下大功。管理处装饰一新，王师傅更是心花怒放，几乎不离半步，不分时段、不分白昼地为猫们打理美食。对于我，王师傅格外关照，除了加餐，就是让医生配置了更好的药物为我疗伤。听王师傅唠叨，我也大致了解了故宫对猫们的奖励情况。

故宫的意见是对我、钢王、贵族、雪鞋等表现突出的，重点进行表彰。我得到了公安机关相关人员的肯定，授皮套金牌，成为有史以来获此殊荣最年轻的猫；钢王已经领受了皮套金牌，不再加授其他；贵族、雪鞋等十二只猫，领受皮套银牌。

对于猫五，宫里似乎有点为难。听王师傅讲，为此部分领导参与了讨论。本来，凭功绩，应该授予猫五皮套金牌，但以前这一荣勋从未给过死亡的猫。鉴于此，经折中，将猫五安葬在玉兰树林里，举行安葬仪式，但不再享受皮套金牌的殊荣。这个方案，我也能接受。

我的计划是参加完葬礼，带着无双马上离开。现在不能再

去斋宫，否则引起了无双主人的注意，带无双离开就会成为泡影。我只把想法告诉钢王。说不定离开的时候，还需要他帮忙。信任是对朋友最大的尊重。

钢王许久沉默不语。他的表情按我的理解，是不舍。在我准备去看望小花时，他说，希望我能参加完授勋仪式，因为葬礼和授勋一起举行。耳尖的我还听见他的自语：有些问题我要想想。

我还是忍不住偷着去看了无双。斋宫的保安级别明显提升，晚上我甚至无法靠近大门。多亏了这张上了报纸的脸，被保安认出，允许我进入。无双还是被拴在一根绳子上。这根绳子既是她主人疼爱她的表现，也是对无双失去信任的无奈。

无双见到我，羞怯中带着热烈。分隔数日，颠簸起伏，聚散依依，我们怎会不明白厮守的意义。缘分，不是因为相遇，而是因为珍惜。珍惜拥有，每分每秒都是天长地久。

这一夜，无双没有和我讲这几日的经历，只是告诉我展览快结束了，主人可能随时离开，希望我快点想办法带她走。我和她约好，明天晚上，这个时候，一起走。无双笑了，她说，后天才是新的一天。

第二日，阳光明媚，但似乎改变不了猫们的心情。御花园，长满玉兰树的草坪上，猫五的葬礼仪式正式开始。全体故宫猫早早地站在院子里，没有队列，只有最沉重的哀悼。

由于故宫猫的表现被媒体关注，此次活动故宫主动邀请了两家媒体出席。公安机关和斋宫展览委员会分别派出了代表。无双也跟随主人出席。

仪式并不复杂，故宫负责人做了简要讲话，然后将猫五的银牌挂在一棵树上。有员工在树下挖了个深坑，将装有猫五遗体的精致盒子放进土里。王师傅亲手掩埋，并踩实。两个员工又重新在上面移植上草坪。

记得猫五说过，作为一只猫，埋在这里是多么荣幸和骄傲的事情，即使死了，也能让自己的荣幸和骄傲在活着的猫的心中传承。猫五啊，你有一样没说对，你只死一次就埋在了这里，而不是八次。

这棵树紧挨着老K和雪梨。也好，我正好就要离开了，以后或许再也不能回来看你们，有猫五陪你们，我也放心。猫五是个好兄弟，会唬人，会唠嗑，肯定会让你们高高兴兴的。现在，我提前和大家说声再见了。

刚安葬好猫五，那两个员工立刻打开一个横幅，竖在嘉宾的后面。我想，一次活动给拆成两个新闻，倒是值得。主持人很快转换了语气，变得欢快兴奋。我有点接受不了，这种转换不太适应猫的心脏。

需要授勋的猫都被管理处安置在前排。第一个就是我。王师傅示意我上前。我站到一处临时搭建的小高台上。这样，嘉宾给我们挂牌的时候就不用弯腰了。一位警官为我挂上皮套金牌，大家鼓掌祝贺。很遗憾，不是张队。他是个很有意思的人。

接着，钢王他们依次上台，接受嘉宾的授勋。我站在一边，望着无双，偷偷体会着眉目传情的乐趣。无双的表现很让我满意，除了两个眸子，情绪未受到任何影响。绝对不能让她主人看出来，今天晚上无双和我要离开。

仪式很快结束，然后接受荣勋的猫享受一次顶级美食。这个好像是临时加的，说是电视台需要这样一个镜头。管他呢，

吃饱了，有劲儿跑路。

王师傅站在我旁边，也能上个镜头。他不停地向我盘子里加餐，对我格外殷勤。今天的美食说白了是精细加工的猫粮。我独占一份，里面还有一股药味。这是王师傅的爱心啊。挨着我的钢王有点奇怪，吃得很少，偶尔还用很古怪的眼神看我。

吃完了美食，大家就散了。我吃得多，自然就慢。钢王似乎有意等我，无聊地翻腾着几片鱼干。我打着饱嗝，准备深情地和钢王说声再见。忽然，我发现自己的舌头竟然不听使唤，接着四肢酸软，身子跟着倒了下来。

怎么回事？我的大脑似乎还清醒，但却怎么也控制不住自己的身体。我用无比疑惑的眼神，望着心情低落的钢王。钢王早就知道，或者在前一天他就猜到了。但我不知道，到底发生了什么。

王师傅抱起了我，奔向医务室的方向。难道不是什么阴谋，是我病了，伤势发作了？不像啊，钢王的表现不像，王师傅嘴角带笑的表情更不像。钢王跟在王师傅的身后。

进了医务室，王师傅将我放在一张床上，用两条皮带捆住我的脖颈和腹部。

这时，一个带着口罩，穿着白大褂的人过来，“小伙子，乖，不疼的。”说着，举起一把亮闪闪的刀子，“这样你就不用有宝宝了，就可以留在故宫了，说不定还会成首领了呢。”

我一下子明白了，想到了长水为什么伤人并离开故宫，想到了长水和钢王见面时摸不着头脑的对话，想到了从昨天到今天钢王的种种异常。原来，我刚才吃的猫粮有问题；原来，他们要剥夺我做父亲的权利。

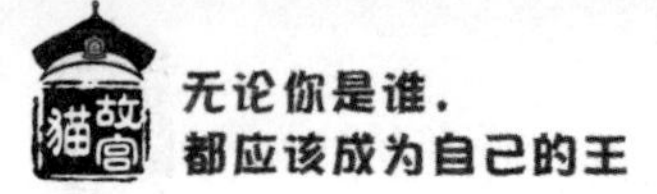



不，我不会留在这里，不在乎什么首领，我只要自由，只要无双。但我无法张嘴，张了嘴谁又能听懂？那医生检查了一下皮带的牢固度，可能又认为我的头不舒服，将头扭向一侧。

我看到墙角站着的钢王，也正用无奈的眼神看着我。

钢王，求求你，救救我。你知道的，我必须离开这里，我要带着无双一起走，我要过很普通、很平凡的生活。钢王，求求你，救救我。

我用尽游走在头部的一丝力量，摆动着我的眼睛。所有的希望和心中的悲痛，充盈着我的瞳孔。钢王，求求你，救救我。

"咦，钢王怎么在这？老王，赶他出去，影响我做手术。"

"好的。"

王师傅用脚尖踢了一下钢王的尾巴。

钢王花翎一动，忽然暴起，扑住王师傅的双腿。

"哎呀，钢王你想干什么？！"王师傅应该受了伤。

没等医生反应过来，钢王又将医生扑倒。"哗啦啦"，手术工具撒了一地。故宫里的人都知道，钢王有野生猞猁的血统。那是野兽的风格，会伤人的。

王师傅连忙扶着医生跑出医疗室。

钢王毫不迟疑，干净利索地咬断捆我的皮带。

我不能说话，只能用眼神对钢王表示无限的感激——谢谢你，钢王。

钢王咬住我的皮套，一甩，就将我横跨在他的背上。

我们走出医疗室的时候，有四名保安已经拿着网兜、钢叉守在门口，在王师傅的指挥下，形成了包围圈。

“钢王，你想造反吗？”王师傅了解猫的灵性，知道这些猫能够大致听懂他的意思，“放下他，你走。你今天的表现已经不能再待在宫里。否则，一旦抓住你，你知道会是什么后果。”王师傅说得声色俱厉。

我知道钢王的性格。他一旦选择，绝不会改变。这就是担当，能担当，敢担当。规矩他可以守，也可以破，关键是他骨子里是否认同。猫也有一种活法。

钢王缓步向前，胸腔发出比狗还响亮的轰鸣声，震得我的内脏跟着剧烈抖动。这是钢王发怒了。

四个保安反而后退。他们知道，钢王如果放下我，攻击他们，肯定是无往不利、一击必中的。虽然故宫猫都打了防疫针，但要是被挠伤，破了相可就坏了。现在，可是靠脸吃饭的时代。

王师傅也没办法，自己肯定不能拦住钢王。

这样，钢王带着我，在包围之中，从容离开。

# 33 为你，我愿抛弃星光璀璨

这里应该属于未开放的区域，宫殿不大，和爱心收容所的小四合院差不多。院子里还算整洁，地上铺着青砖，倔强的小草从砖缝里钻出来。四面的门窗全部封着，包括院门，从里面就能看到挂着一把大锁。看样子，不常有人来。

钢王把我扔在地上，跳上墙头，孤寂地望着远处。

我只能等药力慢慢过去。我很理解钢王此时的心情，无论如何，这样的行为会被人视为背叛。我无法安慰他，更不能为一个强者规划将来的生活。我有很多事情要做。

花墙映在地上的影子越来越长，一点点，将我拉进去。白天一大半的时间过去了。我身上的力量慢慢回聚，四肢能明显地挪动，但还不能支撑我站起来，特别是舌头的麻酥感依旧强烈。

有一个影子跳上墙头。我扭转一下脑袋，看到贵族低着头走向钢王。贵族和我关系不错，却没有看我一眼，仿佛我不存在似的。他心里会有一点怨恨，因为我，使得钢王放弃了这里的一切。

“我已经观察好了，我们随时可以离开。”

“不行。你必须留下，永远地留下。”

“可以。但为什么是我？”

“本来不是你，但现在只能是你。”

“其实，我不想留下，你知道的。”

“嗯。你永远也打不败我，永远也不可能为你的父亲报仇。”

“这我知道，但是跟在你身边总有机会，尤其是你老的时候。”

“不会，我会比你活得更长，甚至会超过老K。”

“也许。我只想问一句，你这样做，值吗？长水面临这种情况的时候，你都没有选择这样做，而这个小子就值得？”

“长水很幸运，要不是他提早发现，我会亲自送他上手术台。这个小子也很幸运，因为我突然想明白了。”

“明白什么？”

“猫，可以是任何人、任何事物的猫，但要做就做自己的猫。”

“好，我不评论。只希望你平安。”

“嗯，你也是。我们会在晚上离开。除了小花和无双，别告诉别的猫，和人。”

贵族不再说话，转身离开。我看到他的眼光扫过来，里面藏着“保重”。

钢王跳下墙，走到还能照着阳光的地方。

“我只跟你说一遍，以后不要再问我和今天有关的事情。我救你的理由刚才你也听到了，我懒得重复。最关键的一点，你的舌头会动之后，不要说谢谢。我不需要。”说完，钢王眯着眼，趴卧在那里。

我的舌头已经能动了，的确想真心地说声谢谢。既然如此，我继续假装。

影子覆盖了院子的地面。不知道是两次晚餐，还是三次晚餐的时间。院子门传来“吱吱”的声音。钢王警觉地站起来。

我勉强打了一个滚，半蹲着。

是小花那个家伙，正屁股朝里，试图从门缝挤进来。多亏了他身材瘦小，发发狠，没有被卡住，一咕噜滚着进了院子。

小花似乎很急，没站稳身子，就将嘴里叼着的东西扔到我面前——一张人的名片和一片绿萝的叶子。

那片叶子上有三行小孔，排列的顺序，正是我交给无双的“爱的魔咒”。小孔不大，是用猫的爪子一个一个扎出来的。

“无双怎么了？”我急着问道，个别字音依然咬不准。

小花比画着，来回几下。我明白了，不由得再次瘫坐在地上。无双被她的主人带走了，而且不再回来。

果然，命运答应你，说你会一帆风顺，纯属扯谎。因此，明智的老 K 再三告诫我，抓住眼前的，从眼前走过后，可能就不是你的了。我没有抓住无双。

小花扶着我下腭，继续比画，告诉我，这两个东西是无双紧急状况下扔给一只猫的，转到小花手里。

为什么又要给一张名片呢？我支起脑袋，仔细查看。名片上应该是主人的名字和地址，莫说我们不认识字，认识字也不认识地方啊。

小花指指名片背景。那是一片迷人的森林，一处山坡上建有一处漂亮的玻璃房子。

“你认识那个地方？”我内心又升起一丝希望。

小花点点头，用手指告诉我，那是他的家乡。

“太好了，带我去。”我挣扎着站起来。

小花骄傲地拍着胸脯。

“你至少好利索一点再走。还有，等到了晚上顺利离开故宫后，再打算也不迟。”钢王说道。

是啊，现在不可能追到无双。如果去找，则需要更周密的计划，毕竟这已经不是一个城市里的事情了。我点点头，坐下调息。

太阳此刻应该接近地平线了，院子四方的天空再也看不到耀眼的阳光，唯有淡红的光晕涂满了那几片孤零零的云朵。

我基本可以行走了，也能应付难度不高的跳跃。我活动四肢，尽力让肌肉更舒缓一些。

“我有个建议，听吗？”钢王不冷不热地问我。

“谢谢。请说。”

钢王听到谢谢，脸色一怒，瞬间没能支持住，紧跟着笑了。“还记得，我跟你说过雪梨的遗言吗？”

啊呀，差点忘了。是啊，雪梨让钢王转告我，说雨花阁顶层横梁藏了一件东西。今晚，我要离开故宫，去寻找无双，也许一辈子不回来了。我有必要去看一看。

当然是钢王带路，特殊情况下，他更清楚哪条路能避开管理员。其实，离这里不太远，拐了几个弯，走过几段宫墙，就到了雨花阁。

雨花阁比一般的楼阁、宫殿更华丽。我没有来过这里，只能按照钢王的引导，随他来到顶部的一层。但藏东西的地方，我却跳不过去，目前的体力还不允许。

钢王毫不费力地跳过去，摸索着，从一个缝隙处找到一个棕红色的锦囊。

小花拖着这个锦囊，到一个空旷而且光线较足的地方。锦囊

的绳结是活的，打开不难。我从里面掏出一个纸团和一个铜牌。

铜牌是心形的，也很熟悉。在“猫园”的时候，那里的赵先生送给无双一个，无双又将其给了黑豆的老婆菜花。这个应该是赵先生挂在老 K 脖子上的那个。命运有时很奇特，一个东西经过这么多年流转又相遇了。命运的确是缘分的动力。

纸团因为时间久的原因，已经很硬。我铺开的时候，发出“咔咔”的声响。这是从笔记本上撕下来的一张，上面写满了字。我不认识，只能将上面的文字一笔一画地印在脑海里，算是对老 K 和雪梨的纪念。上面的内容是：

我的彩虹

挂在你的屋檐

你的风雨

留在我心间

推开窗

阳光照着希望

迈开步

脚印丈量梦想

让自由走在路上

记住我的勇敢

让生命站在山巅

绽放你的笑脸

无论坎坷

无论艰难

既然鲜花开遍

汗水浇灌了信念

我愿抛弃星光璀璨

换来你破晓的明天

我将牌子挂在脖子上，又把纸团放回锦囊，然后拜托钢王送回原处。不管多少年之后，如果还有可能，希望能够被一只像老 K 一样认字的猫发现它，读懂它。

黄昏最后一点余晖终于淹没在无尽的黑夜里。该离开这里了。我以为钢王会选择一条隐蔽的小路，没想他带着我直接奔向北门。门口正站着两个保安。

“头儿，你看，是宫里通缉的那两只猫？”年轻的保安很快发现了我们。

“新来的，你的眼睛怎么那么亮？”年长的叼着一支烟。

“那是。”

“你还真以为是夸你的？来，点烟。”

“可是——”

“可是什么——点烟。”年长的搂过年轻的肩膀。

我们光明正大地出了北门，又进了景山公园，上了万春亭，踢起正在酣睡的长水。长水没想到，我带回来的不是无双，而是钢王。我把一天的经历简要说给长水听。长水盯着钢王，很长时间不说话。

大家围坐在一起休息。我则单独叫过小花，询问他家乡的情况，制订这次远游的计划。到了后半夜，天快亮的时候，大家都走向亭子顶，依次站立，向东南望去，等待着日出。

天空的星星隐去许多，但依旧灿烂。从现在开始，这里的绚丽、辉煌都将成为记忆，我将要去寻找我的无双。无双啊，为你，我愿抛弃这星光璀璨。

“我也去。”钢王说道。

“为什么？” 我心里一直以为他会留在城市里，做流浪猫的老大。

“世界这么美好，我想四处跑跑。”

长水跟着说：“我也去。”

“为什么？”钢王问。

“你需要一只送归的猫。”

“估计我老了，你也老了。”

“但我会有孩子，孩子还会有孩子，总有一个给你送归的猫。”

我说道：“但会很远。”

长水问：“有多远。”

我说道：“听不到心跳，看不到样子，想象不到重逢的时间，这么远。”

长水说：“我不怕。你呢，钢王。”

钢王问：“为什么要问我？”

……

东方渐白，故宫的轮廓从城市的中心支起。不知哪一刻开始，霞光一笔一笔，描绘出新一天的希翼。那几颗固执的星星再也坚持不住，仿佛被拔去木塞，耀眼的朝阳喷射而出，恢弘的宫殿、现代的城市以及所有流动的生命都蓬勃起来，充满生机。